AF533488

Eh da-Flächen

Mehr Lebensräume für Insekten

Eh da-Flächen

Mehr Lebensräume für Insekten

Christoph Künast

Verlag Dr. Friedrich Pfeil
München 2023 · ISBN 978-3-89937-281-6

Impressum

Bibliografische Information der Deutschen Nationalbibliothek

Die Deutsche Nationalbibliothek verzeichnet diese Publikation in der Deutschen Nationalbibliografie; detaillierte bibliografische Daten sind im Internet über http://dnb.dnb.de abrufbar.

Titelbilder
Oben links: Tagpfauenauge *Aglais io*. Der Falter trinkt Nektar aus Blüten, die Art ist leicht an den auffälligen Augenflecken zu erkennen.
Oben Mitte: Raupen des Gabelschwanzes *Cerura vinula*. Sie haben gerade die Blätter einer Pappel bis auf die Stiele abgefressen.
Oben rechts: Die Streifenwanze *Graphosoma italicum*. Die farbenprächtige Wanze saugt an den unreifen Samen eines Doldenblütlers.
Unten links: Auf einer Eh da-Fläche zwischen Straßenrand und Feld hat sich blütenreiche Vegetation entwickelt.
Unten Mitte: Herbstliches Gestrüpp am Wegrand bietet vielen Insekten Lebensraum zum Überwintern.
Unten rechts: Ein Baumstumpf am Straßenrand, auf dem Pilze wachsen. Man sieht ihm von außen nicht an, wie viele Insekten in ihm leben.

Druckvorstufe: Verlag Dr. Friedrich Pfeil, München
Lektorat: Anna-Maria Zabold
Druck: PBtisk a.s., Příbram I – Balonka

Printed in the European Union

ISBN 978-3-89937-281-6

Gedruckt auf alterungsbeständigem und säurefreiem Papier

Verlag Dr. Friedrich Pfeil
Wolfratshauser Straße 27
81379 München, Germany
Tel. +49 89 5528600-0
Fax +49 89 5528600-4
E-Mail: info@pfeil-verlag.de
www.pfeil-verlag.de

Abbildungsnachweis:

ADOBE STOCK: 92 links; 96 unten links; 99 oben.
ALAMY: 39 oben rechts; 41 links; 53 unten; 59 unten rechts; 61 links und rechts; 78 links; 101 unten.
HANS LANG/F1ONLINE: 102 oben.
SANDRO STARK (PIXABAY): 70 links.
STANISLAV KREJČÍK: 98.
WILDLIFE MEDIA: 23 unten rechts; 26 rechts; 95 unten.
WOLFGANG DÜRING (BUND): 96 unten rechts.

Alle anderen Fotos stammen vom Autor.

Inhalt

Die Eh da-Initiative ist das Werk vieler Menschen, die sich darum kümmern, dass mehr Lebensräume für Insekten in ihren Kommunen entstehen. Dafür möchte ich Herrn Kurt Fuchs, Herrn Günther Lupatsch und Herrn Dieter Neugebauer danken, und vielen anderen Personen, die hier nicht alle genannt werden können!

Namentlich danke ich Herrn Dr. Friedrich Dechet, der Mitbegründer der Eh da-Initiative ist, Frau Kerstin Krohn, die in der Frühphase die Initiative beim »Forum Moderne Landwirtschaft« tatkräftig vorangetrieben hat, und Herrn Mark Deubert, der souverän Geodatenkarten für Kommunen anfertigt. Viele Fachleute waren und sind beteiligt, namentlich nennen möchte ich meinen Sohn Robert Künast und Frau Gwendolyn Karsch, Herrn Dr. Johannes Lückmann, Herrn Dr. Michael Riffel, Herrn Dr. Christian Schmid-Egger, Herrn Dr. Matthias Trapp und Herrn Klaus Ullrich.

Herrn Andreas Blättner, Herrn Farbod Famani und Herrn Robin Ullrich danke ich dafür, dass sie Bilder bearbeitet und zur Verfügung gestellt haben.

Eh da-Initiative, was ist das?

Bei der Eh da-Initiative geht es um Lebensräume für Tiere und Pflanzen in Kommunen. Im Mittelpunkt stehen Flächen, die es allenthalben zu sehen gibt, die eben »eh da« sind. Die Begrifflichkeit ist salopp und unwissenschaftlich, aber vermutlich gerade deshalb sehr bekannt geworden. »Eh da-Flächen« sind beispielsweise Böschungen, Dämme, Wegränder, auch Gemeindegrün oder Geländekanten am nahegelegenen Parkplatz. Sie liegen in der offenen Landschaft ebenso wie in Siedlungsbereichen. Diese Flächen können Heimat für eine Vielfalt von Insekten bieten, und zwar weit mehr, als es derzeit der Fall ist.

Die biologische Vielfalt – die Zahl der Tiere, Pflanzen und Lebensgemeinschaften – ist in Deutschland rückläufig. Es bedarf keiner wissenschaftlichen Studien, um zu erkennen, dass dies richtig ist. Wer sich mit wachem Blick in seiner seit Jahren, vielleicht seit der Kindheit, vertrauten Landschaft bewegt, stellt fest, dass Blumenwiesen kaum mehr zu sehen sind, viele Vogelarten selten geworden sind, ebenso wie bunte Schmetterlinge und schöne Käfer. Stattdessen finden sich große monotone Landwirtschaftsflächen, Vororte mit Discountern und breiten Verkehrswegen, Gärten und Gemeindeflächen mit ordentlich gepflegtem grünem Rasen. Da stellt sich durchaus die Frage, wo denn die biologische Vielfalt ihre Heimat finden soll! Genügen dafür die Naturschutzgebiete und die anderen Flächen, die für den Schutz der biologischen Vielfalt ausgewiesen sind? Offensichtlich ist das nicht der Fall, sonst wäre der Rückgang der Tiere und Pflanzen nicht so offensichtlich.

Im Mittelpunkt der Eh da-Initiative stehen die Insekten. Sie benötigen Flächen für Lebensräume, und diese sollten nicht nur vereinzelt da und dort zu finden sein, vielmehr müssen sie in einer vielgestaltigen Landschaft miteinander verbunden sein. Diese Verknüpfung ist wichtig, wie sich an einem Beispiel verdeutlichen lässt: Ein Vogel benötigt einen Lebensraum für sein Nest, einen anderen, wo er seine Nahrung findet, und wieder andere, wo er vielleicht seine Singwarte hat, beim Zug nach Süden übernachtet oder sich vor Räubern verbergen kann. Es genügt nicht, wenn, um bei dem Beispiel zu bleiben, ein Brutbiotop vorhanden ist, aber Mangel an Nahrung herrscht oder wichtige Landschaftselemente fehlen. Viele Tiere benötigen derartige »kombinierte Lebensräume«, also verschiedene Lebensräume in einer Landschaft, um dauerhaft stabile Populationen bilden zu können. Dieses Prinzip gilt nicht nur für Vögel, sondern auch für Insekten. Raupen benötigen Blätter bestimmter Wirtspflanzen als Nahrung. Wenn sie sich verpuppen, wird dafür eine bestimmte Unterlage benötigt, und der schlüpfende Falter ernährt sich von Nektar. Bodenbewohner fressen Wurzeln, andere leben von verrottendem Pflanzenmaterial. Es gibt Räuber und Parasiten. Im Entwicklungszyklus von vielen Insekten sind Winterquartiere oder Flächen für die Wanderung und die Fortpflanzung unverzichtbar. Wenn man diese Vielfalt der Anforderungen von Insekten an ihre Umwelt betrachtet und das mit ihrer unüberschaubaren Artenzahl verbindet, wird schnell klar, dass die Förderung von Insekten ein anspruchsvolles Ziel ist. Aber, auch wenn dieses Ziel nur in Annäherung erreicht werden kann: Es besteht kein Zweifel, dass Eh da-Flächen dazu einen wesentlichen Beitrag leisten können. Drastisch ausgedrückt, sind Eh da-Flächen in ihrer Gesamtheit vermutlich die derzeit für die Förderung der biologischen Vielfalt am meisten vernachlässigte verfügbare Flächenressource in Deutschland.

Es ist keine Frage, dass verfügbare Fläche in Deutschland Mangelware ist. Das kann jeder Ortsbürgermeister bestätigen, und jeder Zeitungsleser weiß es. Diese »Mangelware Fläche« ist ein Argument für die Initiative, denn ihr Prinzip ist, auf vorhandenen Flächen mehr Lebensräume für Insekten zu schaffen, nicht, neue Flächen dafür auszuweisen. Vielleicht sind Eh da-Flächen so allgegenwärtig und wir sind ihren Anblick so gewöhnt, dass der Gedanke gar nicht aufkommt, dass sie nicht von monotonem Rasen bewachsen sein müssen, sondern bedeckt von vielfältigen Lebensräumen für Tiere und Pflanzen sein können. Die Eh da-Initiative hat das Ziel, Möglichkeiten bekannt zu machen, wie mit Hilfe dieser Flächen biologische Vielfalt gefördert werden kann, mit den Insekten im Mittelpunkt der Bemühungen.

Insekten fördern – neben der fachlichen Komplexität kommt ein anderes Thema dazu: Wollen wir das wirklich? Reicht es nicht, wenn Insektenschutz sich auf die Schönen, Seltenen und Populären beschränkt, die nützlichen Bienen, die bunten Schmetterlinge und die gefährdeten Arten? Es gibt ja auch den Wurm im Apfel, die Blattlaus auf der Rose oder die lästigen Stechmücken. Obendrein sind die allermeisten Insektenarten unscheinbar und nur dem Spezialisten bekannt. Hier hat das Eh da-Konzept eine klare Position: Auch die Kleinen, Unscheinbaren und Unnützen sind der Beachtung wert. Der ausschließliche Fokus auf attraktive Arten mag zwar populär sein, aber er genügt nicht. Es gibt gute Gründe, sich auch für kleine braune Käfer, unscheinbare Fliegen und nur Fachleuten bekannte Schlupfwespen einzusetzen, denn sie sind wichtige Elemente der Nahrungsketten und gehören zur einheimischen Fauna. Zu bedenken ist außerdem, dass auch die farbenprächtigen und nützlichen Blütenbesucher, wie Schmetterlinge, Wildbienen und viele Käfer, Larvenstadien haben, die eben nicht auffällig sind. »Ohne Raupen gibt es keine Schmetterlinge, ohne Wildbienenbrut keine Wildbienen, und ohne Käferlarven keine Käfer« ist ein Kernsatz der Eh da-Initiative, und diese Entwicklungsstadien benötigen ebenfalls Lebensräume.

Dieses Buch ist kein wissenschaftliches Werk, das für Experten geschrieben wurde. Es ist auch nicht als technisches Handbuch gedacht, das die Durchführung von Maßnahmen zur ökologischen Aufwertung im Detail beschreibt – das muss vor Ort, unter Berücksichtigung der lokalen Verhältnisse und unter Einbindung von Fachleuten geschehen. Dazu gibt es viele Publikationen, die sehr hilfreich sind und die auf langjährigen Erfahrungen und wissenschaftlich fundierten Studien basieren. Ziel dieses Buches ist, den Gedanken der Aufwertung von Lebensräumen auf Eh da-Flächen in Kommunen zu fördern und zu verbreiten. »Eh da-Projekte« vor Ort sind inzwischen in Deutschland weit verbreitet. In aller Regel werden sie von Bürgerinnen und Bürgern getragen, die keineswegs ausgebildete Insektenkundler sind. Es gibt viele Menschen, und deren Zahl nimmt stetig zu, die sich für Insekten interessieren und die sich für ihren Schutz einsetzen. Sie können in ihrer Kommune etwa beim Gemeinderat, beim Biodiversitätsbeauftragten oder beim Umweltdezernenten nachfragen, ob nicht ein Eh da-Projekt durchgeführt werden kann. In diesem Buch werden Vorschläge gemacht, wie dabei vorgegangen werden kann und welche Maßnahmen zur Verbesserung von Lebensräumen sinnvoll sein können.

Die Lebensräume und Insektenarten, die in diesem Buch vorgestellt sind, kommen keineswegs ausschließlich auf Eh da-Flächen vor. Sie sind auch in Gärten zu finden, in Landwirtschaftsbrachen, in Naturschutzgebieten, Ausgleichsflächen und anderen Flächenkategorien. Eh da-Flächen sind es aber wert, genauer betrachtet zu werden, weil sie einen hohen Anteil der Offenlandfläche in Deutschland ausmachen, und auch, weil sie oft langgestreckt sind und deshalb einen wesentlichen Beitrag zur Vernetzung von Lebensräumen leisten können.

Das Buch ist reich bebildert, denn die Wunderwelt der Insekten ist klein, oft versteckt, und erschließt sich nicht im Vorübergehen. Die Bilder sollen dazu beitragen, neugierig zu machen und den Blick zu schärfen. Das betrifft die Lebensräume, die auf Eh da-Flächen Platz haben, vor allem aber die Vielzahl der Insekten, die dort leben. Einmal stehen bleiben und einer Hummel beim Pollensammeln in einer Blüte zusehen, einem Marienkäfer, der aus der Winterruhe aufwacht, oder einer Fliege, die sich gerade in der Sonne wärmt... Biologische Vielfalt beschränkt sich nicht auf die Paradearten des Naturschutzes wie Wolf, Seeadler und Luchs. Die Welt der Insekten befindet sich direkt vor unserer Haustür, sie ist attraktiv, wichtig und außerordentlich interessant.

Dieses Buch ist in drei Themenbereiche geteilt. Im ersten geht es um Grundgedanken und um die Frage, was Eh da-Flächen sind und wie viele es davon gibt. Im zweiten – und das nimmt den meisten Raum ein – sind Insekten und ihre Lebensraumansprüche die Hauptakteure. Hierbei werden zuerst ausgewählte Insektenarten näher betrachtet, dann typische Lebensräume, die auf Eh da-Flächen zu finden sind. Im dritten Teil werden schließlich Vorschläge gemacht, wie diese Lebensräume in der Landschaft erhalten, gefördert oder angelegt werden können.

Grundgedanken der Eh da-Initiative

Es gibt viele wissenschaftliche Studien, die den Insektenrückgang belegen. Bekannt wurde beispielsweise die Studie des Entomologischen Vereins Krefeld, für die über 27 Jahre Erhebungen durchgeführt wurden: Der Rückgang der Insektenbiomasse betrug hier durchschnittlich 76 Prozent. Aber der Rückgang der Insekten ist nicht nur Gegenstand wissenschaftlicher Untersuchungen, er ist schlichtweg offensichtlich im alltäglichen Leben. Die schönen, bunten Schmetterlinge sind nicht mehr so häufig auf dem Sommerflieder zu sehen. Tote Insekten auf der Windschutzscheibe müssen nicht mehr nach jeder längeren Autofahrt entfernt werden – es sind einfach nur noch wenige da, die Verkehrsopfer werden könnten. Das »Insektensterben« hat als Thema Eingang gefunden in die Medien und in die Umweltpolitik; es ist in der Presse präsent, und in öffentlichen Diskussionen zum Umweltschutz spielt es inzwischen eine wesentliche Rolle. Seit dem Jahr 2021 liegt auch ein »Insektenschutzgesetz« vor.

Nun wäre es schön, wenn ein einfacher und offensichtlicher Sachverhalt auch eine einfache und eingängige Erklärung fände – aber dem ist nicht so. Was ist die Ursache für den Rückgang der Insektenfülle? Wer die wissenschaftlichen Daten zu dem Thema liest, findet sich mit einer Vielfalt an Erklärungsmodellen konfrontiert. Da ist »die moderne Landwirtschaft«, die mit ihren monotonen, großflächigen Kulturen meist als Hauptverursacher genannt ist. Oder sind es doch die Pestizide? Ist es die nächtliche Überleuchtung der Landschaft? Sind es die Gärten, die zusehends zu Steingärten geworden sind? Ist es das Fehlen der Blüten in der Landschaft? Die Liste lässt sich verlängern, und es ist oft der Sichtweise des jeweiligen Experten belassen, welche Prioritäten er setzt.

Es gibt eine Hauptursache für den Rückgang der Insektenvielfalt, zu der allgemeiner Konsens besteht, und das ist der Rückgang an Lebensräumen. Aus diesem Sachverhalt resultiert eine einfache und klare Überlegung: Die begrenzten verfügbaren Flächen müssen so gut wie möglich zur Förderung von Insekten genutzt werden.

Biologische Vielfalt in Deutschland ist rückläufig. Ihr Schutz benötigt Fläche und Flächenmanagement.

Fläche ist eine knappe Ressource und wird es auf absehbare Zeit auch bleiben.

Effiziente Nutzung vorhandener Flächenressourcen zum Schutz biologischer Vielfalt ist deshalb ein dringendes Gebot.

Was sind Eh da-Flächen, und wie viel gibt es davon?

Eh da-Flächen finden sich an Verkehrswegen und Wasserstraßen (z. B. Straßenböschungen, Dämmen, Wegrändern), es sind kommunale Grünflächen, Flächen an angelegten Wasseranlagen (z. B. Uferbereiche von Regenrückhaltebecken), es sind nicht wirtschaftlich genutzte Zwickel in der Agrarlandschaft und im Siedlungsbereich.

Aus dieser Begriffsbestimmung folgt auch, was Eh da-Flächen nicht sind. Wald oder Gewässer sind keine Eh da-Flächen, es sind auch keine Gärten, keine landwirtschaftlich genutzten Flächen (auch nicht Brachflächen, die hier als temporär aus der Bewirtschaftung genommene Flächen betrachtet werden), keine Freizeit- oder Sportanlagen, Parks oder Friedhöfe, es sind keine ausgewiesenen Naturschutzgebiete und keine wirtschaftlich oder gewerblich genutzten Flächen. Auch für diese Flächen gilt aber, dass sie durch geeignete Maßnahmen gefördert werden können.

Wie viel Fläche Deutschlands machen nach dieser Begriffsbestimmung Eh da-Flächen aus? Mit Geodatenanalysen

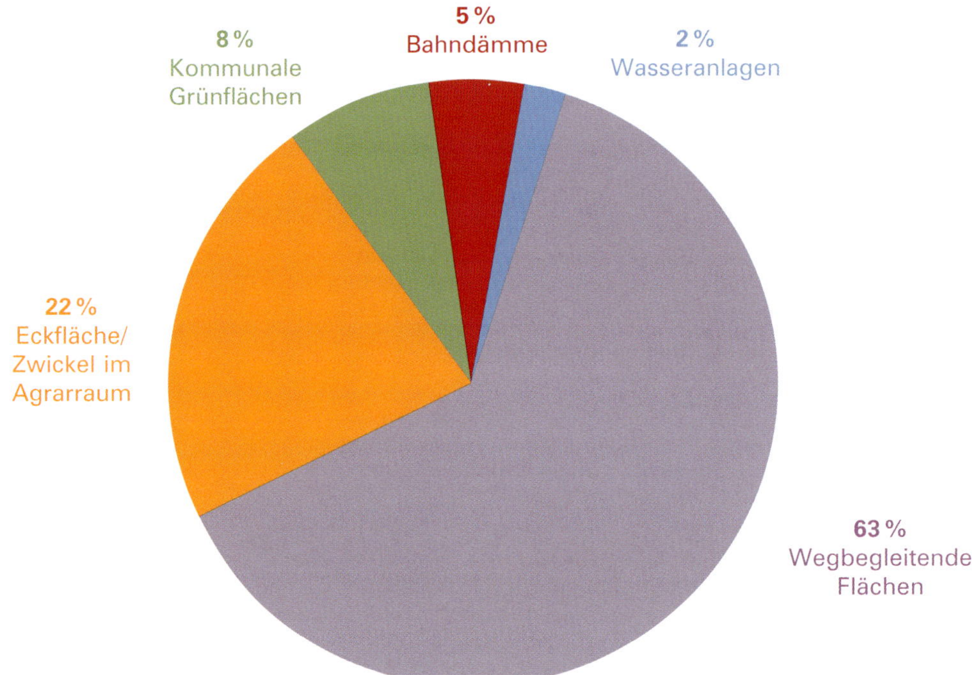

Kategorien von Eh da-Flächen und ihre quantitative Verteilung in Deutschland.

wurde dieser Frage in verschiedenen Regionen Deutschlands nachgegangen. Das Ergebnis war: Eh da-Flächen machen in ihrer Gesamtheit zwischen zwei und sechs Prozent der offenen Landschaft Deutschlands aus! Also die Gesamtfläche von Deutschland minus Wald minus Gewässer wäre die offene Landschaft im hier verwendeten Sinn, davon 2 bis 6 Prozent ergibt die Gesamtdimension der Eh da-Flächen. Dass es hierbei deutliche regionale Unterschiede gibt, ist zu erwarten.

Dieses vorhandene Flächenpotenzial ist groß. Es lässt sich mit Hilfe von Geodaten lokalisieren, in Kategorien einteilen und quantifizieren. Die im Folgenden dargestellten Daten basieren auf einer Studie, die mit Hilfe von geografischen Informationssystemen von RLP AgroScience in Neustadt an der Weinstraße in verschiedenen Regionen Deutschlands durchgeführt wurde. Es handelt sich dabei um Mittelwerte, was bedeutet, dass die Absolutzahlen regional deutlich abweichen können.

Es ist keine Überraschung, dass Flächen im Umfeld von Verkehrswegen den größten Anteil ausmachen, etwa zwei Drittel der Gesamtfläche. Sie kommen im Siedlungsbereich wie auch in der offenen Landschaft vor. Etwas über zwanzig Prozent sind Eckflächen und Zwickel in der offenen Agrarlandschaft, die außerhalb des innerörtlichen Bereichs

Eh da-Flächen liegen in der offenen Kulturlandschaft oder im Siedlungsbereich. Sie bieten Raum für die Verbesserung von Lebensräumen von Tieren und Pflanzen, ohne dass dadurch eine wirtschaftliche oder private Nutzung nennenswert eingeschränkt wird. In der Regel sind Eh da-Flächen in kommunalem oder öffentlichem Besitz.

liegen. Kommunale Grünflächen (»Gemeindegrün«) liegen in den Ortschaften, sie machen knapp zehn Prozent aus. Bahndämme (»Bahnbegleitflächen«) und »Begleitflächen von Wasseranlagen« (hier ist der Uferbereich gemeint) machen flächenmäßig kleine Anteile aus, sie sind aber, wie später gezeigt wird, ökologisch sehr relevant.

Woher weiß eine Kommune, welche Flächen Eh da-Flächen sind? Hier spielt ALKIS, das »Amtliche Liegenschaftskatasterinformationssystem«, eine wichtige Rolle. ALKIS beinhaltet die Liegenschaften, bezogen auf Flurstücke inklusive ihrer Nutzung. Da diese Katasterdaten allen Kommunen zur Verfügung stehen, können diese mit sehr hoher Genauigkeit ermitteln, wo Eh da-Flächen lokalisiert sind und wie groß diese sind. Mit den entsprechenden Suchbegriffen kann man Eh da-Flächen herausfiltern und kartografisch darstellen, und zusätzlich auch andere Flächenkategorien einfügen, die für das Konzept der Vernetzung von Lebensräumen in der Landschaft relevant sind, wenn ein Projekt durchgeführt wird.

Zunächst muss der Begriff »ökologische Aufwertung« erläutert werden, wie er im Kontext der Eh da-Initiative verstanden wird. Es geht im Kern darum, dass Lebensräume, die für Insekten wichtig sind, erhalten oder angelegt werden. Dazu können zum einen umwelttechnische Maßnahmen durchgeführt werden, um neue Lebensräume anzulegen. Es ist aber ebenso wichtig, vorhandene für Insekten unverzichtbare Lebensräume zu erkennen und ihren Erhalt zu fördern. Die Lebensräume, auf die in diesem Buch eingegangen wird, sind durch spezifische biotische und abiotische Eigenschaften gekennzeichnet. Unter »biotisch« ist die Vielfalt der Pflanzen und der davon lebenden Tiere zu verstehen, unter »abiotisch« unbelebte Strukturen in der Landschaft, etwa unbewachsene sonnenbeschienene Bodenflächen, totes Holz oder Steinhaufen.

Lebensräume sind regional unterschiedlich ausgeprägt. Sie sehen im alpinen Bereich anders aus als im Mittelgebirge, in der norddeutschen Tiefebene anders als in einer von Dünen geprägten Landschaft an der Küste zur Nordsee. Lokale Bedingungen in einer Kommune sind zusätzlich wichtig, wie zum Beispiel aktueller Pflegezustand und Vorgeschichte der Bewirtschaftung von Flächen. Es ist deshalb unverzichtbar, schon bei der Planung, aber auch bei der Durchführung von Maßnahmen zur ökologischen Optimierung im hier verwendeten Sinn, auf Expertise vor Ort zurückzugreifen.

Wie verteilen sich Eh da-Flächen in der Landschaft? Das ist wichtig, wenn es um die Frage geht, wie Insekten gefördert werden können. Dies lässt sich am besten in kartografischen Darstellungen und anhand von Beispielen zeigen. Die Modellkommune auf der folgenden Seite entspricht einer Ortschaft mit ca. 6000 Einwohnern, zusätzlich ist auf der übernächsten Seite ein gemeindeübergreifender Blick mit mehreren benachbarten Kommunen dargestellt.

Eh da-Flächen liegen definitionsgemäß in der offenen Landschaft und im Siedlungsbereich. Sie sind oft länger als breit. Das ist zu erwarten, denn verkehrswegbegleitende Flächen, die netzartig sowohl den Ortsinnenbereich wie auch die Umgebung durchziehen, machen den Hauptanteil der Flächen aus. Es finden sich aber auch kompakte Flächenanteile, etwa Zwickel in der offenen Landschaft oder Gemeindegrün im Ortsbereich. Bei der Modellkommune sind zusätzlich biodiversitätsfördernde Flächen, wie strukturreiche Gärten, Ausgleichsflächen und Teile eines Naturschutzgebietes, dargestellt, zwischen denen Eh da-Flächen Verbindungskorridore darstellen können.

Die Verteilung wie auch die Menge (bezogen auf den Prozentsatz der kommunalen Fläche) von Eh da-Flächen kann bei benachbarten Gemeinden sehr unterschiedlich sein. Im kommuenübergreifenden Beispiel, siehe die Abbildung auf der übernächsten Seite, finden sich in Gemeinde D beispielsweise viele Flächen, in der benachbarten Gemeinde A vergleichsweise wenige. Wie schon zuvor bei der Beispielkommune durchziehen Eh da-Flächen wie ein Netz die Landschaft. Wegbegleitende Eh da-Flächen sind tendenziell eher lang und können sich, wie das nach Nordosten gerichtete Flächenband, über große Distanzen erstrecken. Die weiträumige Ansicht auf Seite 13 zeigt außerdem, dass diese langgestreckten Eh da-Flächen weitere biodiversitätsfördernde Flächen, wie hier die »Ökokontofläche« und das »Naturschutzgebiet«, über weite Strecken und über andere Landschaftselemente hinweg verbinden können. Eh da-Flächen können somit einen wesentlichen Beitrag zur Konnektivität von Lebensräumen leisten.

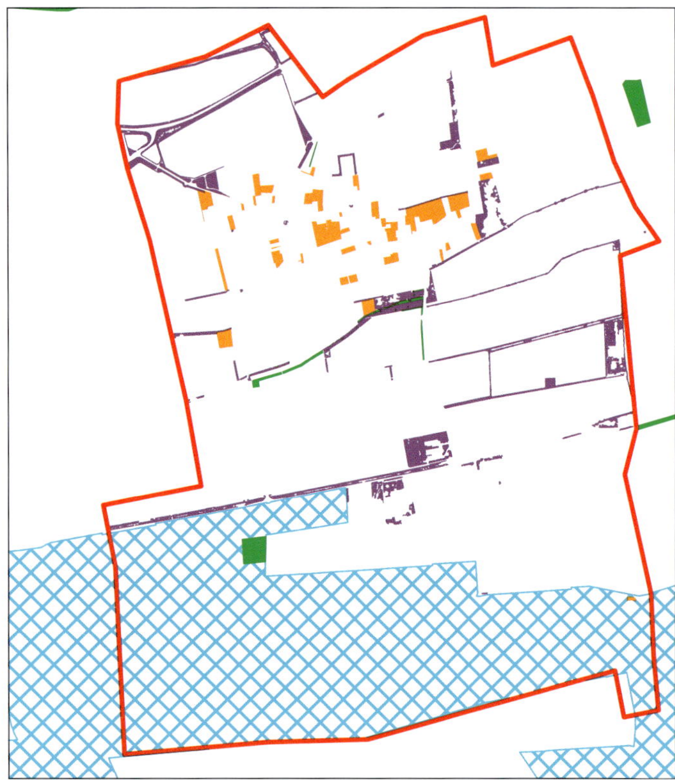

Kartografische Darstellung von Eh da-Flächen in einer Modellkommune. Gemeindegrenze (350 ha); Eh da-Fläche (11 ha); Gärten (5 ha); Ausgleichsfläche; Schutzgebiet.

Was lässt sich aus dieser räumlichen Verteilung ableiten? Die Lebensräume auf Einzelflächen können sich bei geringer Breite weit erstrecken, beispielsweise in Form eines Streifens arten- und blütenreicher Vegetation oder einer Hecke. Sie können auch kompakte, lokalisierte Trittsteinbiotope sein, die relativ kleinräumig sind und von denen aus Insekten neue Lebensräume in der Umgebung besiedeln können, wie beispielsweise ein Stapel Biotopholz oder einige Quadratmeter überwinternder Vegetation. Wandernde Insekten können sich entlang von Eh da-Flächen orientieren, aber auch Rastplätze bei ihrer Reise durch die Landschaft finden, bei denen ihnen etwa blühende Pflanzen Nahrung bieten können. Diese Lebensräume können wichtige Elemente im Biotopverbund in einer Region sein.

Mit Blick auf die Biologie der Insekten ergeben sich weitere Vorteile von Eh da-Flächen. Ein ganz zentraler Aspekt bei Insekten ist, dass diese eine Metamorphose durchlaufen, deren verschiedenen Stadien oft (aber nicht immer) unterschiedliche Ansprüche an ihre Lebensräume haben. Ein Schmetterling mag als geschlechtsreifes Tier Nektar an Blüten saugen, als Raupe eine spezielle Wirtspflanze zur Nahrung benötigen und als Puppe in trockenem Gestrüpp überwintern. Drei ganz unterschiedliche Lebensraumelemente müssen also in einer Landschaft vorhanden sein, damit eine Art sich dort dauerhaft entwickeln kann. Ein Kernsatz bei Vorträgen zur Eh da-Initiative ist deshalb »*Ohne Raupen gibt es keine Schmetterlinge, ohne Wildbienenbrut keine Wildbienen, ohne Käferlarven keine Käfer*«. Bei Eh da-Projekten wird gern der Begriff der »kombinierten Lebensräume« verwendet, um zu verdeutlichen, dass Insekten in der Regel eine Kombination verschiedener Lebensräume benötigen, damit sie ihre Metamorphose durchlaufen und über lange Zeiträume stabile Populationen bilden können. Eh Da-Flächen können einen wesentlichen Beitrag zu dieser für viele Insekten notwendigen Vielfalt der Lebensräume leisten.

Es gibt aber auch klare Begrenzungen für ökologische Optimierungen von Eh da-Flächen. Eine ist offensichtlich: Großflächige Lebensräume finden sich auf Eh da-Flächen selten. Bunte, weitläufige Blumenwiesen sind nur ausnahmsweise zu finden, etwa bei großflächigen Zwickeln in der Landschaft oder bei breiten Dammsystemen entlang von Flüssen.

Eh da-Flächen machen, regional unterschiedlich, zwischen zwei und sechs Prozent der Offenlandschaft Deutschlands aus.

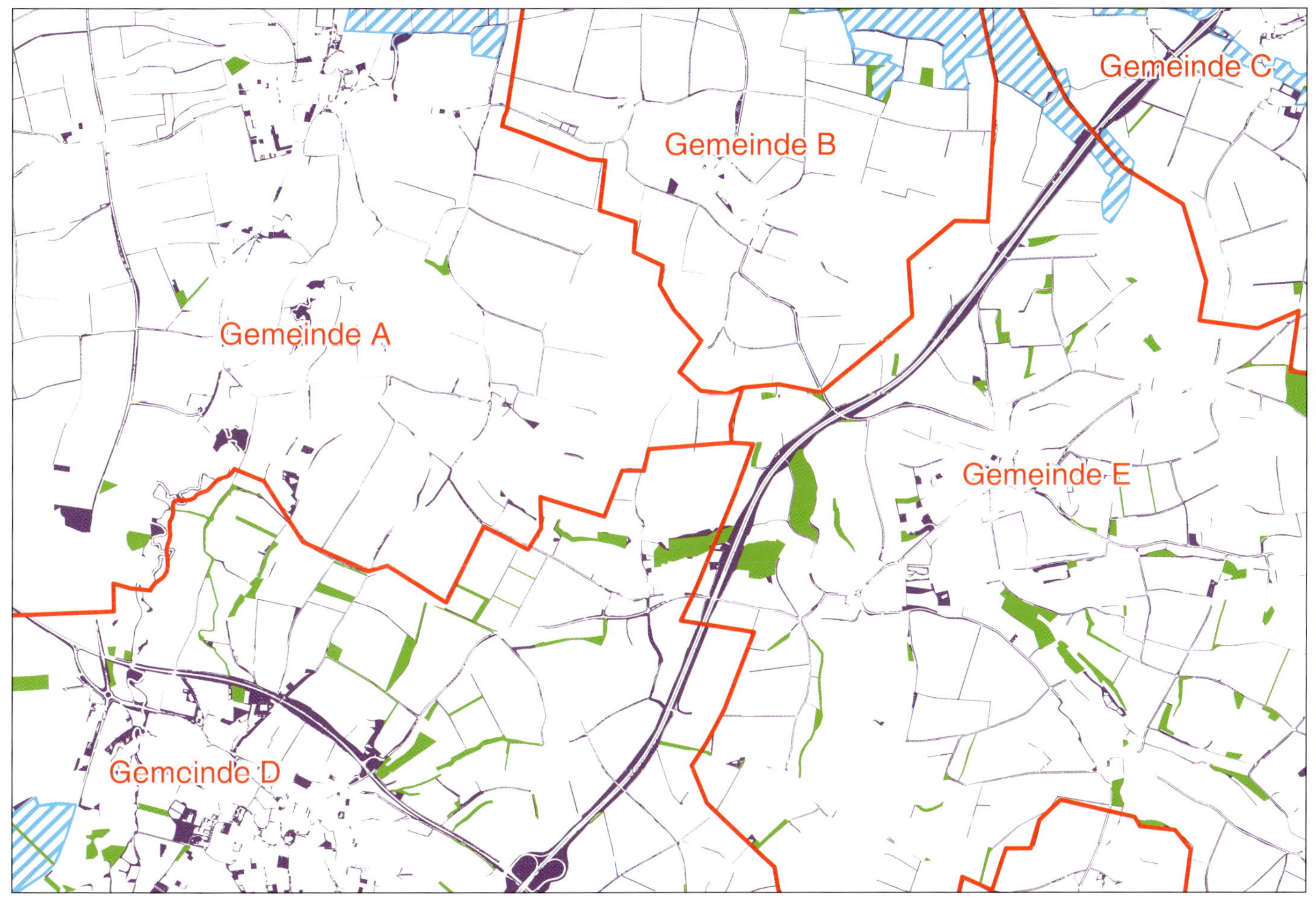

Gemeindeübergreifender Blick auf Eh da-Flächen. Kartografische Darstellung von Eh da-Flächen in einer Modellkommune.
Gemeindegrenze; Eh da-Fläche; Ökokontofläche; Naturschutzgebiet.

Nicht alle Eh da-Flächen sind für ökologische Aufwertungsmaßnahmen geeignet. Viele Flächen haben Funktionen, welche die Möglichkeiten ökologischer Optimierung begrenzen, und auch Nachbarschaftsflächen haben oft Einflüsse auf Lebensgemeinschaften. Von Landwirtschaftsflächen können Düngemittel oder Pflanzenschutzmittel eingetragen werden, vielbefahrene Straßen können das Risiko von Verkehrsopfern bedeuten. Dämme und Böschungen müssen vor Erosion geschützt werden, weshalb Rohbodenbiotope hier keinen Platz haben. Betretungsverbote können erlassen sein und die Vegetation an Verkehrswegen darf die Verkehrssicherheit nicht behindern. Traditionen vor Ort spielen eine ganz wesentliche Rolle, vor allem wenn es um die Frage geht, ob und wie Flächen im innerörtlichen Bereich gestaltet werden können. Eh da-Flächen stehen also keineswegs beliebig für ökologische Aufwertungsmaßnahmen zur Verfügung. Bei Projekten in Kommunen muss immer bedacht werden, dass sie auf freiwilliger Grundlage erfolgen, was einer breiten Konsensbasis bedarf.

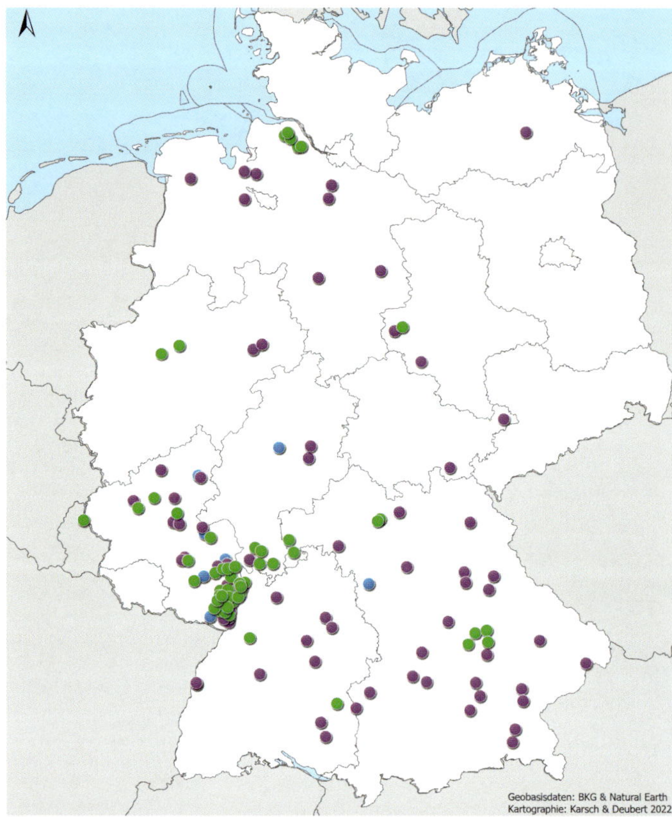

Die derzeitige Verteilung von Eh da-Kommunen in Deutschland.

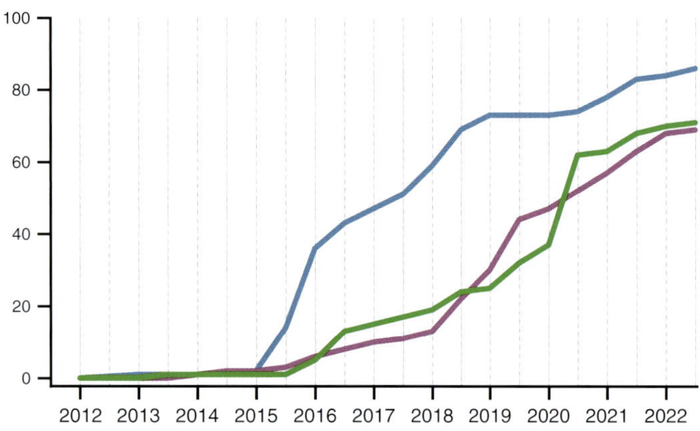

Entwicklung der Anzahl von Eh da-Kommunen.
● *Initiiert vom Eh da-Team,* ● *eigenständige Projekte,*
● *interessiert an Eh da-Maßnahmen.*

Hier muss auch ein gelegentlich auftretendes Missverständnis angesprochen werden. Die Eh da-Initiative hat nicht das Ziel, alle verfügbaren Eh da-Flächen in Lebensräume für Insekten umzuwandeln. Nicht jede Gemeindegrünfläche, jeder Rasen neben dem Radweg oder jede grasbewachsene Straßenböschung soll eine Blühfläche, ein Rohbodenbiotop oder eine artenreiche Hecke werden. Aber die vorhandenen Flächenressourcen besser als es derzeit geschieht zur Förderung biologischer Vielfalt zu nutzen, ist in aller Regel machbar und erreichbar, wie viele Kommunen bereits zeigen.

Eine kleine Geschichte der Eh da-Initiative

Die etwas saloppe Begrifflichkeit »Eh da-Flächen« entstand vor etwa 15 Jahren bei einem Gespräch zwischen dem Autor dieses Buches und einem befreundeten Biologen abends bei einem Glas Rotwein. Dabei ging es um den Verlust an Biodiversität in der offenen Kulturlandschaft und um die Frage, was man dagegen tun kann. Der Rotwein beflügelte das Gespräch. Ja, die moderne Landwirtschaft hat zu großen monotonen Flächen geführt, kleinräumige Landschaften sind verschwunden. Ja, wir haben schon lange keinen Schwalbenschwanz mehr gesehen. Schließlich kam der Gedanke auf, dass es doch allenthalben sogenannte »Kleinflächen« gibt, an Straßen, Böschungen, im Ortsbereich, auch in der offenen Landschaft – eben Flächen, die eh da sind und die, wie leicht erkennbar ist, meist wenig zur Förderung der biologischen Vielfalt beitragen. Damit waren sowohl der Begriff der Eh da-Flächen wie auch der Grundgedanke der Initiative geboren.

Die Initiative begann ihre Arbeit auf Projektebene im Jahr 2012. Vorangetrieben wurde und wird die Initiative vom »Eh da-Team«, das an die gemeinnützige »RLP AgroScience« in Neustadt an der Weinstraße angebunden ist und das aus Biologen, Landschaftsplanern und Geowissenschaftlern besteht. Ziel ist, den Begriff der Eh da-Flächen und die Optionen zur ökologischen Aufwertung dieser Flächen bekannt zu machen. Dieser Gedanke wird mit den unterschiedlichsten Medien verbreitet. Es gab und gibt Vorträge, Veröffentlichungen in der Fachliteratur, Beiträge in der lokalen Presse, Ausstellungen, z. B. auf der Landesgartenschau in Landau, Beteiligung an Kongressen und viele Einzelgespräche. Dies führte schließlich zu einer konstant steigenden Zahl von Kommunen, die Projekte durchführen und insofern Botschafter des Eh da-Gedankens sind, als sie oft Nachbargemeinden zum Mitmachen motivieren.

Die Karte von Deutschland zeigt die Verteilung der Kommunen, in denen Eh da-Projekte durchgeführt werden. Dabei wird unterschieden zwischen solchen, die vom Eh da-Team initiiert wurden, und solchen, die eigenständig, ohne Beteiligung des Teams ein Eh da-Projekt durchführen. Kommunen, die ihr Projekt nicht öffentlich (z. B. im Internet) darstellen oder ein Projekt zwar nach den Prinzipien des Eh da-Gedankens durchführen, den Begriff aber nicht verwenden, sind in der Darstellung nicht enthalten.

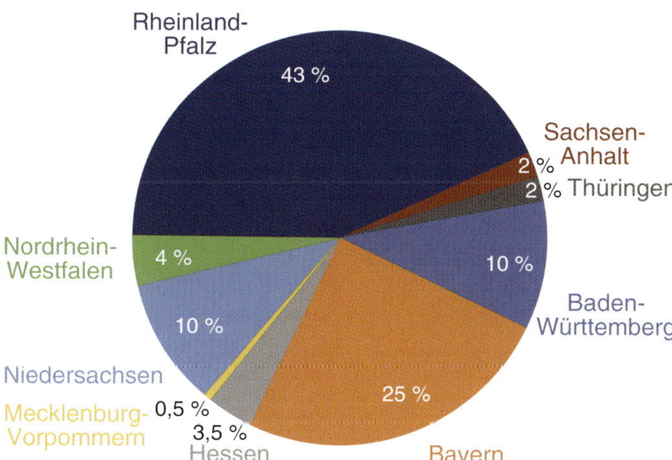

Verteilung der Eh da-Kommunen auf die Bundesländer.

In der graphischen Aufarbeitung ist deutlich zu sehen, dass die Eh da-Initiative sich in Phasen unterteilen lässt. Bis 2015 wurden noch kaum Projekte, sondern die eingangs genannte Studie zum Gesamtareal der Eh da-Flächen in Deutschland durchgeführt. Die Zahl der vom Eh Da-Team initiierten Kommunen verlief, mit einigen Auf und Abs, weitgehend parallel zur Zahl der eigenständigen Projekte. Das ist zweifellos auf den gestiegenen Bekanntheitsgrad des Gedankens der Eh da-Initiative zurückzuführen.

Die Verteilung der Eh da-Kommunen in Deutschland ist momentan noch sehr ungleichmäßig. Schwerpunkt ist Rheinland-Pfalz, hier wurde die Initiative begonnen und das Eh da-Team ist hier lokalisiert. Ein Viertel der Eh da-Kommunen liegt inzwischen in Bayern. Es sind insgesamt vor allem – aber nicht ausschließlich – die südlich gelegenen Bundesländer, in denen Eh da-Kommunen begonnen wurden. Es fällt auf, dass diese häufig benachbart liegen. Dieser Nachbarschaftseffekt entsteht üblicherweise, weil eine Kernkommune Nachbarschaftskommunen zum Mitmachen bewegt hat.

Wie sehen Eh da-Flächen aus?

Eh da-Flächen sind vielfältig. Der Begriff »Eh da-Fläche« sagt nichts über den Zustand einer Fläche unter ökologischen Gesichtspunkten aus. Die meisten Flächen sind allerdings in einem Zustand, der aus ökologischer Sicht nicht oder nur eingeschränkt positiv zu bewerten ist. Sie sind oft bewachsen mit artenarmen, gräserdominierten Pflanzengesellschaften und tragen auch wenig zur landschaftlichen Vielfalt bei. Manche sind aber auch Inseln biologischer Vielfalt oder Korridore mit vielfältiger Vegetation und wichtigen Kleinstrukturen in einer sonst monotonen Landschaft. Diese grundsätzlich erhaltenswerten Flächen wurden meist keineswegs angelegt, um etwas für die biologische Vielfalt zu tun. Oft kam nährstoffarmer Boden aus tiefen Bodenschichten an die Oberfläche und es entwickelten sich artenreiche Lebensgemeinschaften. In aller Regel finden diese »zufällig« entstandenen biodiversitätsfördernden Flächen wenig öffentliche Aufmerksamkeit. Bei Begehungen vor Ort gibt es einen Standardsatz, den man als Exkursionsleiter immer wieder hören kann, wenn man etwa auf eine Wildbienenkolonie in einer sandigen Böschung am Rand eines Parkplatzes zeigt, auf die Raupen im Brennnesselgebüsch oder auf die Laufkäfer unter einem Stein: »Wir wussten gar nicht...!«

Voraussetzung dafür, dass derartige Flächen erhalten bleiben, ist, dass sie bekannt sind und öffentliches Bewusstsein für ihre Erhaltung vorhanden ist. Die Gefahr ist groß, dass sie sonst innerhalb weniger Jahre zu Parkplätzen gemacht oder für die Freizeitgestaltung verwendet werden, ein Trend, der sich vielerorts beobachten lässt.

Eh da-Flächen: An einer Schnellstraße,

... ein bunter Fleck im Ortsinneren,

... ein Wegrand, bunt bewachsen,

... ein gründlich gemähter Damm,

... Grünflächen in einer Vorortsiedlung,

... Schilf an einer Straßenböschung,

... Mandelbäumchen am Straßenrand,

... zwischen Radweg und Straße,

... Gestrüpp an einer Brückenauffahrt,

... vegetationsarme Fläche,

... Brennnesseln am Wegrand,

... größflächige Mahd am Radweg.

Die endlose Vielfalt der Insekten

Die Artenzahl der Insekten ist gewaltig. In Deutschland gibt es ca. 45 000 Tierarten, etwa 33 000 davon sind Insekten! Im Vergleich dazu sind die etwa 700 Arten umfassenden Wirbeltiere mit etwa 300 Brutvögeln und knapp 100 Säugetieren artenarm. Diese Vielfalt der Insekten ist unüberschaubar, und auch ein sehr kompetenter Entomologe kann nicht alle heimischen Insekten kennen.

Woran erkennt man ein Insekt? Für geschlechtsreife Tiere gibt es eine einfache Merkmalskombination: Insekten haben sechs Beine, weshalb sie auf Lateinisch auch Hexapoda, die Sechsbeinigen, genannt werden. Der Körper ist dreigeteilt in Kopf, Rumpf und Hinterleib, und sie haben ein Paar Antennen. Darin unterscheiden sie sich von den nah verwandten Spinnentieren (die üblicherweise acht Beine haben, einen zweigeteilten Körper und keine Antennen), von den Tausendfüßlern (die zwar nicht »tausend Füße« haben, aber auf jeden Fall eine hohe Zahl von Körpersegmenten mit je ein oder zwei Beinpaaren) und von den Krebstieren (zu denen nicht nur die bekannten Gewässerbewohner gehören, sondern auch die landbewohnenden Asseln, die, wenn auch nicht immer sichtbar, zwei paar Antennen haben).

Nach üblicher Systematik sind Insekten eine **Klasse** aus dem **Stamm** der Gliederfüßler (Arthropoda), zusammen mit Spinnentieren, Tausendfüßlern und Krebsen. Gliederfüßler haben die namensgebenden gegliederten »Füße« und ein Außenskelett, das zum größten Teil aus Chitin besteht. Chitin ist eine wahre Wundersubstanz. Chemisch ist es ein Polysaccharid und es bildet sowohl die weichen Körperbereiche, etwa zwischen den Segmenten der Tiere, wie auch den harten Panzer, der den größten Teil des Körpers schützt. Eine hauchdünne Wachsschicht bedeckt diesen Chitinpanzer und sorgt dafür, dass Wasser von der Oberfläche abperlt. Zwei Nachteile hat der Chitinpanzer allerdings: Erstens wächst er nicht mehr, wenn er einmal gehärtet ist. Als Folge müssen Arthropoden sich häuten, wenn sie größer werden wollen. In diesen Häutungsphasen sind die Tiere empfindlich, weil die alte schützende

Chitinhülle abgestreift und die neue noch nicht erhärtet, sondern weichhäutig ist, und der Körper somit Attacken von Räubern, Parasiten und Mikroben ausgesetzt ist. Meist ziehen die Tiere sich in dieser Phase zurück und stellen die Nahrungsaufnahme ein. Der zweite Nachteil ist, dass Arthropoden kleinwüchsig bleiben. Ist ein Insekt einmal ausgewachsen (d.h. geschlechtsreif), wächst es nicht mehr. Das weltweit größte Insekt ist der afrikanische Goliathkäfer, der etwas mehr als 100 g schwer wird – jedes Kaninchen schafft deutlich mehr Gewicht, und Kaninchen sind keineswegs die Riesen unter den Säugetieren. Diese geringe Körpergröße hat auch eine ökologische Konsequenz. Fur Insekten sind »Mikrohabitate« von weitreichenderer Bedeutung als für die großwüchsigen Wirbeltiere. Ein Spalt unter der Rinde kann zum Überwintern eines Schmetterlings genügen, wenige Quadratmeter vegetationsarmer Fläche sind die Heimat einer ganzen Wildbienenkolonie, und in einem einzigen morschen Baumstamm wachsen viele unterschiedliche Käferlarven heran.

Wie wird diese auf den ersten Blick unübersichtliche Vielfalt unterteilt? Die Klasse der Insekten besteht aus **Ordnungen**«. Diese haben charakteristische Merkmale, die in der Regel an äußeren Strukturen zu erkennen sind. Die Zahl der Flügel und deren spezieller Bau oder die Mundwerkzeuge und ihre Funktionen sind oft typische Merkmale. Zweiflügler (zu denen Fliegen und Mücken gehören) haben beispielsweise nur zwei Flügel, nicht die üblichen vier. Käfer haben eine außerordentlich stabile Chitinhülle, vor allem die Vorderflügel sind stark verdickt und werden im Flug nicht bewegt, sondern wie die Tragflächen eines Flugzeugs seitlich ausgestreckt. Schmetterlinge haben farbenfrohe Flügel, wobei die Träger der Farben feine Schuppen sind, die wie Dachziegel die Flügeloberfläche bedecken.

Ordnungen werden weiter in **Familien** unterteilt. Zur Ordnung der Schmetterlinge gehören beispielsweise die Familien »Weißlinge« oder »Bläulinge«. Die nächst kleinere systematische Kategorie ist die **Gattung**, in der verwandte Arten zusammengefasst werden, und dann schließlich die **Art** (oder »Spezies«). Die Art wird oft als wichtigste systematische Kategorie bezeichnet, und dafür gibt es gute Gründe. Wenn wir beispielsweise von der Art »Zitronenfalter« sprechen, so meinen wir damit einen Schmetterling,

Ordnungen der Insekten in Deutschland

Trivialname	Lateinischer Name	Artenzahl
Käfer	Coleoptera	6492
Fächerflügler	Strepsiptera	15
Kamelhalsfliegen	Rhaphidoptera	10
Großflügler	Megaloptera	4
Netzflügler	Neuroptera	101
Hautflügler	Hymenoptera	9318
Köcherfliegen	Trichoptera	313
Schmetterlinge	Lepidoptera	3602
Flöhe	Siphonaptera	72
Schnabelfliegen	Mecoptera	9
Zweiflügler	Diptera	9213
Eintagsfliegen	Ephemoptera	113
Libellen	Odonata	80
Steinfliegen	Plecoptera	123
Ohrwürmer	Dermaptera	8
Gottesanbeterinnen	Mantodea	1
Schaben	Blattodea	6
Termiten	Isoptera	1
Schrecken	Saltatoria	85
Staubläuse	Psocoptera	95
Tierläuse	Phthiraptera	436
Fransenflügler	Thysanoptera	226
Pflanzensauger	Auchenorrhyncha	621
Blattflöhe	Psylloidea	119
Weiße Fliegen	Aleyrodidae	14
Blattläuse	Aphidina	733
Schildläuse	Coccina	145
Wanzen	Heteroptera	865
Beintastler	Protura	41
Springschwänze	Collembola	414
Doppelschwänze	Diplura	18
Felsenspringer	Microcoryphia	8
Fischchen	Zygentoma	4

bei dem gleiche Entwicklungsstadien – wie Raupe oder Falter – weitgehend gleich aussehen und auch weitgehend gleiche Ansprüche an ihren Lebensraum haben. Diese sogenannte «morphologische Artdefinition« steht in der praktischen ökologischen Arbeit im Vordergrund, wenn eine Art benannt wird oder bestimmt werden soll, und sie wird auch in diesem Buch in diesem Sinne verwendet. Erwähnt sei, dass Arten auch einen spezifischen genetischen Code haben. Ihre DNA-Sequenzen unterscheiden sich, was bei modernem »DNA-Barcoding« dazu verwendet wird, Arten zu erkennen, auch solche, die sich anhand der äußeren Merkmale kaum differenzieren lassen (und das ist bei Insekten gar nicht so selten). Artgleiche Individuen können sich üblicherweise (auch hier gibt es Ausnahmen) fruchtbar miteinander fortpflanzen.

Jede Art hat einen lateinischen Artnamen, der aus zwei Wörtern besteht; das erste charakterisiert die Gattung, das zweite in Kombination mit dem ersten kennzeichnet die Art. Oft (aber das ist nicht zwingend) steht dahinter der Name des Erstbeschreibers (nicht, wie manchmal angenommen wird, des Entdeckers). Artnamen werden üblicherweise kursiv geschrieben. In diesem Sinn ist der wissenschaftliche Name der heimischen Honigbiene »Westliche Honigbiene *Apis mellifera*«, wodurch sie sich z. B. von der Östlichen Honigbiene *Apis cerana* nomenklatorisch unterscheidet. Wer gerne gründlich ist, kann an den lateinischen Artnamen noch den Namen des Erstbeschreibers und das Jahr der Erstbeschreibung anhängen. Damit heißt unsere heimische Westliche Honigbiene vollständig »*Apis mellifera* Linne, 1758«.

Die Tabelle stellt die üblicherweise verwendete Insektensystematik der in Deutschland vorkommenden Ordnungen zusammen mit der Zahl der zugehörigen Arten dar. Die Insektenordnungen lassen sich in drei Großgruppen zusammenfassen, die in der Tabelle mit unterschiedlichen Farben gekennzeichnet sind.

Holometabole Insekten durchlaufen eine »vollständige« Metamorphose. Dies bedeutet, dass im Lebenszyklus eines Insekts Ei, Larve, Puppe und Imago durchlaufen werden. Aus der Puppe schlüpft dann das geschlechtsreife Insekt (die Imago). Das Larvenstadium der holometabolen Insekten sieht deutlich anders aus als die Imago.

Bei hemimetabolen Insekten ist die Metamorphose »unvollständig«, das Puppenstadium fehlt. Das Larvenstadium der hemimetabolen Insekten gleicht in der Regel dem geschlechtsreifen Tier, es hat aber noch keine Flügel und kann sich nicht fortpflanzen.

Schließlich gibt es die Gruppe der »Urinsekten«, die in der modernen Systematik noch weiter unterteilt ist. Urinsekten haben in keinem Entwicklungsstadium Flügel, auch nicht beim geschlechtsreifen Tier.

Diese unterschiedlichen Formen der Insektenmetamorphose sind nicht nur für den Systematiker von Bedeutung, sondern auch für den Ökologen. Die Larvenstadien der holometabolen Insekten sehen nicht nur anders aus als die geschlechtsreifen Tiere, sie haben in aller Regel auch unterschiedliche Ansprüche an Lebensräume und Nahrungsressourcen. Eine Schmetterlingsraupe ist üblicherweise ein Pflanzenfresser. Oft ist sie auf eine bestimmte Futterpflanze angewiesen, während der geschlechtsreife Schmetterling von Blüte zu Blüte gaukelt und sich von Nektar ernährt. Im Vergleich dazu lebt beispielsweise die Larve einer hemimetabolen Blattlaus auf der gleichen Wirtspflanze wie das Muttertier und wächst auch hier heran. Es sind also vor allen Dingen die holometabolen Insekten, für die das schon erwähnte Prinzip der kombinierten Lebensräume gilt. Holometabole Insekten nutzen in einer Landschaft im Gegensatz zu hemimetabolen Insekten oft ein sehr breites Spektrum an Ressourcen. Diese Strategie ist sehr erfolgreich, wie sich an den Artenzahlen zeigt: Käfer, Schmetterlinge, Zweiflügler und Hautflügler (zu denen beispielsweise auch Bienen, Schlupfwespen und Faltenwespen gehören) sind die mit Abstand artenreichsten Insektenordnungen. Zusammen machen sie mit über 28 000 Arten den Großteil der etwa 33 000 Insektenarten aus (und auch über die Hälfte der ca. 45 000 heimischen Tierarten). Diese Nutzung unterschiedlicher Ressourcen in der Landschaft kann aber auch zu einem Problem führen, das gerade viele holometabole Insekten betrifft: Wenn ein Element aus diesem Anforderungsprofil fehlt, kann die Metamorphose nicht durchlaufen werden und stabile Populationen können sich nicht etablieren. Gerade holometabole Insekten sind damit außerordentlich eng mit einer vielfältigen Umwelt verbunden.

Dies ist ein zutiefst ökologisches Thema, denn Ökologie ist – in kurzen Worten – die Wissenschaft von den Wechselbeziehungen zwischen Organismen und ihrer Umgebung. Folgendermaßen hat Ernst Haeckel 1866 den heute so populär gewordenen Begriff der Ökologie definiert:

»Unter Oecologie verstehen wir die gesamte Wissenschaft von den Beziehungen des Organismus zur umgebenden Außenwelt, wohin wir im weitesten Sinne alle Existenz-Bedingungen rechnen können. Diese sind theils organischer, theils anorganischer Natur…«

Eine Annäherung an die Frage, welche Lebensräume Insekten besiedeln, die »theils organischer, theils anorganischer Natur« sind, ergibt sich, wenn man exemplarisch die Entwicklungszyklen von Insekten betrachtet, um ihre »Existenzbedingungen« kennenzulernen. Fallbeispiele dazu zeigt das nächste Kapitel.

Beispiele von Insekten und ihren Lebensräumen

Jede Insektenart hat nicht nur ein spezifisches Aussehen, sondern ebenso artspezifische Umweltansprüche. Für deren Beschreibung wird oft der Begriff »Ökologische Nische« verwendet. Diese beschreibt die Gesamtheit aller Umweltfaktoren, die eine Art zum dauerhaften Überleben benötigt, und zwar die abiotischen Faktoren – wie Klima, Luftfeuchtigkeit oder Sonneneinstrahlung – ebenso wie biotische Faktoren wie Nahrung, Versteckmöglichkeiten oder Überwinterungsquartiere in Pflanzen. Die ökologische Nische kann als ebenso charakteristisch für eine Art angesehen werden wie deren Aussehen.

Wie lässt sich die gewaltige Vielfalt der Umweltansprüche der Insekten in ihrer Gesamtheit in einem Buch darstellen? Die Antwort ist einfach: Das geht mit wissenschaftlicher Genauigkeit gar nicht. Es kann nur als grobe Annäherung gelingen, und in diesem Buch wird der folgende Ansatz verwendet:

Für dieses Kapitel wurden einige Beispiele ausgewählt. Es handelt sich dabei ausschließlich um Arten, die auf Eh da-Flächen vorkommen können, aber keineswegs auf diese beschränkt sind. Im nächsten Kapitel wird dann der umgekehrte Weg beschritten, es geht um typische Lebensräume und ihre Bewohner. Auch diese sind auf Eh da-Flächen zu finden, aber nicht ausschließlich auf ihnen.

Tagpfauenauge (*Aglais io*)

Das Tagpfauenauge ist wohl unser bekanntester heimischer Tagfalter. Es ist häufig in Gärten zu sehen und kaum mit einem anderen Schmetterling verwechselbar. Seine Farbenpracht ist ein ästhetischer Genuss. Am Tagpfauenauge lässt sich exemplarisch zeigen, welche komplexen Lebensraumanforderungen ein holometaboles Insekt an seine Lebensräume haben kann.

Welche Anforderungen hat das Tagpfauenauge an seine Umwelt? In Bezug auf Blüten ist es wenig wählerisch, über 200 Pflanzen sind beschrieben, an denen das Tagpfauenauge Nektar saugt. Dabei hat es durchaus Vorlieben – blaue und violette Pflanzen werden vor allem von frisch geschlüpften Faltern gern angeflogen. Sie erweisen sich aber als lernfähig, erkennen die zur Flugzeit günstigsten Nektarpflanzen an Geruch und Farbe und stellen sich auf die gerade verfügbaren Blütenpflanzen ein. Im Frühjahr können das Weiden, Schlehen oder Löwenzahn sein, im Sommer Disteln, Wasserdost, Flockenblumen und Skabiosen. Im Garten sind Tagpfauenaugen häufige Besucher an Buddleiablüten. Pfauenaugen führen längere Wanderungen durch, wobei sie gern in Landschaftskorridoren fliegen, wo sie Blüten mit Nektar als Proviant für die weitere Reise finden können. Die Wanderung eines Falters kann über 150 Kilometer weit führen, im Durchschnitt liegt sie bei 50 Kilometer.

Für die Fortpflanzung stecken die Männchen ein Revier von etwa 20 bis 50 Metern entlang eines Waldrandes ab. Dieses wird einige Stunden lang verteidigt, wobei die Konkurrenten in einem wilden Spiralflug ihre Kräfte messen und sich dann mit anfliegenden Weibchen paaren. Das begattete Weibchen legt seine Eier in Paketen von 50–200 Eiern an Brennnesselpflanzen, bevorzugt an halbschattigen Plätzen, ab. Im Ei verläuft eine hochkomplexe Embryonalentwicklung, die zu einem kleinen Räupchen führt, das sich am Ende der Entwicklung durch die Eihülle frisst und an der Futterpflanze zusammen mit seinen Geschwistern mit der Nahrungsaufnahme beginnt. Die Raupe hat einen gewaltigen Appetit, und sie wächst schnell heran. Auch wenn die Chitinhaut nicht so hart wie bei einem Käfer ist, muss sie doch während des Wachstums mehrmals gewechselt werden. Nach drei bis vier Wochen ist die Entwicklung der Raupe beendet. Vor der letzten Häutung ändert sich

Die Entwicklungsstadien des Tagpfauenauges. Die auffälligen Augenflecken auf der Flügelinnenseite der Falter dienen dazu, Feinde abzuwehren – wenn der Schmetterling seine Flügel aufklappt, wird eine neugierige oder hungrige Meise vermutlich erschrecken, weil sie plötzlich große Augen auf sich gerichtet sieht, und der Schmetterling gewinnt Zeit zur Flucht. Die Flügelunterseite ist im Gegensatz dazu eine Tarntracht. Ein Tagpfauenauge mit zusammengeklappten Flügeln und den gezackten Flügelrändern gleicht einem welken Blatt und ist in Ruhestellung oder in seinem Winterquartier kaum zu sehen. Wenn der Schmetterling Winterschlaf macht oder schläft, kann er nicht schnell fliehen – er muss darauf vertrauen, dass er schlichtweg übersehen wird. Die Schmetterlingseier werden vom Weibchen in Paketen auf der Futterpflanze abgelegt. Die frisch geschlüpften Raupen sind grün und nehmen erst später eine schwarze Farbe mit weißen Flecken an. Sie leben in »Raupennestern« zusammen mit ihren Geschwistern, ehe sie gegen Ende ihrer Entwicklung einzeln auf Wanderschaft gehen und sich verpuppen. Die Puppe ist eine typische »Stürzpuppe«, die kopfunter hängt und bei der am Ende der Puppenruhe die Flügelfarben des bald schlüpfenden Falters zu sehen sind.

das Verhalten der Raupen. Zunächst verlassen sie den Verbund ihrer Geschwister und suchen sich isolierte Fressplätze. Danach folgt eine Wanderphase, die das Ziel hat, einen geeigneten Platz für die Verpuppung zu finden. Das ist eine geschützte, feste Oberfläche, beispielsweise ein trockener Ast oder eine Spalte zwischen Steinen. Dort legt die Raupe ein kleines Gespinst aus Fäden an, an dem sie sich mit den Hinterbeinen festhält. Sie hängt nun kopfüber nach unten und streift die letzte Larvenhaut ab, unter welcher die nach unten hängende Puppe zum Vorschein kommt. Die Puppe wird oft als Ruhestadium bezeichnet. Ähnlich zu den Prozessen im Ei gilt das aber nur für die äußere Beweglichkeit, im Inneren verwandeln sich die Organe der Raupe in die eines Schmetterlings, der nach etwa zwei Wochen schlüpft.

In einem Jahr wiederholt sich dieser Entwicklungszyklus üblicherweise zwei Mal, bei kühlerem Klima entwickelt sich nur eine Generation. Im Herbst folgt ein kritischer Schritt im Lebenszyklus des Schmetterlings, nämlich die Vorbereitung zur Überwinterung. Dazu wird ein kühler, geschützter Bereich aufgesucht, beispielsweise eine Höhle, der ungenutzte Bau eines Dachses oder eines anderen Großsäugers, oder auch ein ungeheizter, möglichst feuchter Keller oder Speicher (Seite 23, rechts oben). Mit zusammengeklappten Flügeln verbringt der Falter hier den Winter, wobei viele Tiere sterben, weil sie von Räubern wie Spitzmäusen gefressen oder von mikrobiellen Keimen befallen werden. Eine Temperatur unter 12° Celcius ist nötig, um die Winterstarre auszulösen. Ein geheizter Raum in einem Gebäude ist von der Evolution als Winterquartier nicht vorgesehen: Er ist ungeeignet, weil die Temperatur für den Winterschlaf zu hoch ist. Wenn es zu warm ist, bleiben die Schmetterlinge aktiv. Sie fliegen am Fenster auf und ab, suchen erfolglos nach Nahrung und liegen nach einiger Zeit tot und staubbedeckt auf dem Fensterbrett. Wenn aber alles gut geht und ein Tagpfauenauge alle Ressourcen zur Verfügung hat, nicht von einem Räuber gefressen oder von einer Krankheit befallen wird, kann es zwei Jahre alt werden.

Dieser kurz dargestellte Entwicklungszyklus zeigt exemplarisch, was »kombinierte Lebensräume« bedeutet. Im Lauf eines Jahreszyklus werden folgende Ressourcen in der Landschaft von Tagpfauenaugen benutzt:

- Nektarliefernde Blütenpflanzen für die Falter
- Brennnesseln für Eiablage und Ernährung der Raupen an geeigneten Standorten
- Geschützte, stabile Kleinstrukturen für die Verpuppung
- Landschaftselemente für Reviere zur Fortpflanzung
- Korridore und Trittbrettbiotope für die Wanderschaft
- Geschützte, luftfeuchte und kühle Räume für die Überwinterung

Ist dieses Lebensraumprofil spezifisch für das Tagpfauenauge? Nein, denn es teilt sich Elemente davon mit anderen Schmetterlingsarten. Nektarproduzierende Blüten sind die Standardnahrung der meisten Schmetterlinge (die rüsselförmigen Mundwerkzeuge sind nur zur Aufnahme flüssiger Nahrung geeignet). Brennnesseln dienen beispielsweise auch den Raupen vom Kleinen Fuchs (*Vanessa cardui*), vom Landkärtchen (*Araschnia levana*) oder vom Brennnesselzünsler (*Anania hortulata*) als Nahrung. Überwinterungsquartiere benötigt auch der Kleiner Fuchs, ebenso wie andere Insekten wie beispielsweise die Weidefliege (*Musca autumnalis*) oder manche Schwebfliegenarten. Auch das Wanderverhalten des Tagpfauenauges ist kein Einzelfall, Wanderungen werden von vielen Insekten durchgeführt.

Distelfalter (*Vanessa cardui*)

Der Distelfalter ist eine Besonderheit unter den heimischen Faltern: Er ist der Wanderfalter, der die größten Distanzen zurücklegt. 3000, sogar 4000 Kilometer sind als Entfernungen beschrieben, die ein einzelner Falter geflogen ist! Der Distelfalter, der in unserem Garten auf dem Sommerflieder sitzt, ist vermutlich im Mittelmeergebiet in Nordafrika aus der Puppe geschlüpft und hat weite Teile des europäischen Kontinents durchflogen. Nicht jedes Jahr ist ein »Distelfalterjahr«. Vor allem Nahrungsmangel in den Herkunftsregionen gilt als Ursache, dass Distelfalterschwärme sich auf die Reise machen und dabei auch die Alpen überqueren können. Für diese Reise, bei der die Falter auch Luftströme nutzen, benötigen sie etwa zwei Wochen. Viele Tiere sterben unterwegs, aber es bleiben genug übrig, um sich unterwegs fortzupflanzen. Distelfalter saugen an Blütenpflanzen Nektar, besonders gern an verschiedenen Distelarten. Die Eier werden auf unterschiedlichen Pflanzen abgelegt: Malven, Brennnesseln, Disteln, verschiedene Kreuzblütler und andere Pflanzen werden genutzt, auch landwirtschaftliche Kulturpflanzen wie Mariendistel und Sojabohne, an denen die Raupen bei Massenauftreten in mediterranen Regionen sogar schädlich werden können. Die Raupen leben einzeln in tütenförmig zusammengesponnenen Blättern an der Futterpflanze und verpuppen sich an dieser oder in deren Nähe. Je nach Klimabedingungen können sich in Deutschland ein oder zwei Generationen pro Jahr entwickeln. Die Falter der letzten Generation machen sich im Spätsommer auf die Rückreise.

Welche Ansprüche an den Lebensraum hat der Distelfalter? Falter und Raupe bevorzugen trockene und sonnige Standorte in der offenen Landschaft. Sie haben zwar Präferenzen in Bezug auf ihre Wirtspflanzen, sind aber sehr anpassungsfähig. Hier soll ein Punkt angesprochen werden, der für Distelfalter, aber auch für viele andere Insekten wichtig ist: Werden die Pflanzen, auf denen Eier abgelegt werden, Raupen heranwachsen oder sich Puppen befinden, abgemäht, so kann das Insekt seine Metamorphose nicht vollenden. Falter sind flugfähig und können gegebenenfalls ausweichen. Eier, Raupen und Puppen sind nicht mobil und können es nicht. Der Erhalt von krautigen Pflanzen, auch wenn sie nicht mehr blühen, ist von herausragender Bedeutung, wenn die Falter geschützt werden sollen.

Distelfalter können auf der Wanderung leicht beobachtet werden. Sie bilden dabei keine dichten, zusammenhängenden Schwärme, sondern fliegen einzeln oder in kleinen Trupps, wobei sie auch geschickt die Windrichtung ausnutzen. In Wanderjahren kann man häufig, großflächig über die Landschaft verteilt, Falter sehen, die »wie vom Schnürchen gezogen« in eine Richtung fliegen. Dabei bevorzugen sie langgestreckte Landschaftsstrukturen, wenn diese entlang der Flugrichtung ausgerichtet sind, wie z. B. Dämme, Böschungen oder Hecken. Blüten dienen dabei als Raststellen auf der Reise. Diese Wanderungen basieren auf der faszinierenden Fähigkeit der Falter zur Orientierung in Raum und Zeit. Wie diese Orientierung erfolgt, ist

Die subtilen Farben haben dem Distelfalter den englischen Namen »Painted Lady« gebracht.

noch weitgehend unbekannt. Die Falter sind in der Lage, die Himmelsrichtung festzustellen, und wissen, in welche Richtung geflogen werden muss, und zwar in Abhängigkeit von der Jahreszeit (Flug in nördlicher Richtung bei zuwandernden Faltern sowie beim Rückflug der Folgegeneration in südlicher Richtung). Auch andere Schmetterlinge führen Wanderungen durch, und auch hier spielen Landschaftsstrukturen eine große Rolle. Dabei lassen sich unterschiedliche Kategorien von Wanderverhalten unterscheiden: Wie der Distelfalter wandert der nahe verwandte Admiral (*Vanessa atalanta*) in ein Zielgebiet, in dem er sich fortpflanzt. Andere Arten, zu denen der Große Kohlweissling (*Pieris brassicae*) oder der Wandergelbling (*Colias croceus*) zählen, führen Arealerweiterungen durch, die zur Vergrößerung des Verbreitungsgebiets führen können.

Die räumliche Ausbreitung von Insekten in der Landschaft führt uns zu einem übergeordneten Thema, nämlich der Bedeutung von langgestreckten, struktur- und pflanzenreichen Landschaftselementen mit Trittsteinbiotopen und Rastplätzen. Beide sind wesentliche Komponenten in einem Biotopverbund. Langgestreckte Landschaftselemente verbinden verschiedene Lebensräume, was nicht nur dem Erhalt von lokalen Populationen dient, sondern auch der geografischen Ausbreitung von Arten.

Schwalbenschwanz (*Papilio machaon*)

Der Schwalbenschwanz hat eine Flügelspannweite von bis zu 75 Millimeter und gehört damit zu den größten heimischen Faltern. Er ist schwarz-gelb gefärbt, mit roten und blauen Flecken und den namensgebenden »Schwänzen« am Ende der Hinterflügel.

Der wunderschöne Schmetterling durchläuft in Deutschland zwei bis drei Generationen pro Jahr. In Bezug auf seine Nahrungspflanzen ist er als Falter wie auch als Raupe wenig selektiv. Der Falter ist ein Sonnenliebhaber, er besucht gerne blütenreiche Flächen mit verschiedenen Distelarten, Klee oder Natternkopf, und auch im Garten kann er beobachtet werden. Die Raupe ernährt sich von verschiedenen Futterpflanzenarten, vor allem von Doldenblütlern wie Wilder Möhre, Dill oder Fenchel. Das Weibchen verteilt die ca. 150 Eier so, dass jede Pflanze nur wenige Raupen ernähren muss. Wenn man die sehr gut getarnten Raupen suchen will, sollte man seinen Blick vor allem auf einzeln stehende und sonnenexponierte Pflanzen richten. Man kann sie aber auch im heimischen Gemüsegarten mitten im Möhrenfeld finden. Die Raupe verpuppt sich auf einer festen Unterlage, häufig an Stängeln in der Nähe der Futterpflanze. Der Schwalbenschwanz überwintert als Puppe.

Landschaftselemente spielen für den Schwalbenschwanz eine wesentliche Rolle. Auch diese Art ist ein Wanderfalter, der sich gern entlang langgestreckter Flächen mit vielfältiger, blütenreicher Vegetation ausbreitet. Es gibt ein

Die »Schwänze« des Schwalbenschwanzes an den Hinterflügeln (links) sind auffällig gefärbt und dienen eventuell dazu, die Aufmerksamkeit eines Räubers vom empfindlichen Kopf abzulenken (ein »falsches Vorderende«). Die Raupe erscheint im Bild auffällig gefärbt (Mitte), ist aber im Gelände auf der Futterpflanze im Spiel von Licht und Schatten nur schwer zu entdecken. Die Puppe ist eine Gürtelpuppe (rechts), das Vorderende wird durch ein Band, das die Raupe vor der Verpuppung spinnt, nach oben ausgerichtet.

weiteres Landschaftselement, das bei der Fortpflanzung eine wichtige Rolle spielt: Der Schwalbenschwanz betreibt »Hilltopping«. Das bedeutet, dass beide Geschlechter zur Fortpflanzung eine Erhöhung in der Landschaft aufsuchen und sich dort treffen – der Vergleich mit einem Partykeller liegt nahe. Diese Erhöhung kann, wie der Name sagt, ein Hügel sein, aber auch eine menschengemachte Gebäudestruktur oder Bäume in der offenen Landschaft. Beim Hilltopping erreichen üblicherweise zuerst die Männchen das ausgewählte Gebiet. Sie besetzen dort Reviere, aus denen sie Konkurrenten vertreiben und in denen sie einfliegende paarungsbereite Weibchen erwarten.

Dunkler Wiesenknopf-Ameisenbläuling (*Maculinea nausithous*)

Bläulinge sind eine artenreiche Familie der Tagfalter. Ihr deutscher Name ist etwas irreführend – zwar haben viele eine blaue Grundfarbe, aber es gibt auch grüne, braune und goldglänzende Arten. Es gibt mehrere Arten von Ameisenbläulingen, deren Vorkommen, wie der Name sagt, an Ameisen gebunden ist, zu denen auch der Dunkle Wiesenknopf-Ameisenbläuling gehört. Sein Lebenszyklus hängt nicht nur von einer Wirtspflanze ab, sondern zusätzlich von einer Wirtsameise.

Die Eier werden von den Weibchen ausschließlich an noch geschlossene Blütenstände des Großen Wiesenknopfs gelegt. Die Raupen ernähren sich zwei bis drei Wochen von den Blüten und von den Samenanlagen. Nach der dritten Häutung lassen sie sich fallen und warten darauf, dass sie von Ameisen gefunden werden, und zwar von Knotenameisen (Gattung *Myrmica*), die sie in ihre Kolonien tragen. Dort werden die Bläulingsraupen zu Parasiten im Ameisenstaat und fressen die Eier und Larven der Ameisen. Es sind zwei Schutzfaktoren, die sie davor bewahren, von den Ameisen angegriffen zu werden: Zum einen imitieren sie den Nestgeruch der Ameisen, zum anderen liefern sie den Ameisen über eine »Honigdrüse« am Rücken zuckerhaltige Sekrete und Aminosäuren als Nahrung. Die Raupen überwintern im Ameisenbau und verpuppen sich im Frühjahr. Der frisch geschlüpfte Falter ist allerdings gefährdet und muss den Ameisenstaat schnell verlassen, weil er nicht mehr über die Schutzfaktoren der Raupen verfügt. Die Entwicklung der Ameisenstaaten kann bei starkem Befall mit Bläulingsraupen deutlich beeinträchtigt werden.

Die Wirtspflanze muss ebenso wie die Wirtsameise vorhanden sein, damit sich Populationen des Dunklen Ameisenbläulings erhalten. Der Wiesenknopf ist eine typische Pflanze auf Feuchtwiesen, die gern entlang von Gewässern auf artenreichen Wiesen wächst. Knotenameisen sind in ihren Lebensraumansprüchen wenig selektiv, sie besiedeln gern feuchte und schattige Standorte, wo sie Nester im Boden anlegen. Der Wiesenknopf ist vor allem in Süddeutschland weit verbreitet. Allerdings genügt es nicht, wenn der Wiesenknopf wächst: Es muss auch die Mahd der Wiesen an die Entwicklung der Schmetterlinge angepasst sein. Wenn die Blütenköpfchen im Hochsommer, nach der Eiablage und während der Larvalentwicklung,

Die Spannweite des Dunklen Wiesenknopf-Ameisenbläulings ist etwa 3 cm, die Flügeloberseite ist beim Weibchen dunkelbraun, beim Männchen hat sie blau schillernde Bereiche. Hier sitzt ein Falter auf seiner Wirtspflanze, dem Wiesenknopf.

großflächig gemäht werden, bleiben zwar die Pflanzen erhalten, Eier und Larven der Schmetterlinge aber nicht. Ein zweiter wesentlicher Aspekt, der das Vorkommen des Ameisenbläulings in einer Region maßgeblich beeinflusst, besteht in der räumlichen Vernetzung der oft kleinräumigen Bestände. Die Falter legen regelmäßig Entfernungen von ein bis drei Kilometern zurück, es können gelegentlich auch größere Distanzen überwunden werden. Innerhalb dieses Radius kann eine Neubesiedlung von Lebensräumen erfolgen, etwa entlang von blütenreichen Wegrainen. Auch genetischer Austausch findet auf diesem Weg statt. Der Dunkle Ameisenbläuling ist somit ein Beispiel für eine Insektenart, deren Populationen auch kleinräumige Areale haben können. Diese können leicht erlöschen, etwa weil die Mahdtermine nicht dem Entwicklungszyklus des Insekts angepasst waren. Die Möglichkeit zur Zuwanderung über entsprechende Landschaftselemente spielt deshalb bei dieser Art eine wichtige Rolle für ihren Erhalt in der Landschaft.

Zaunrüben-Sandbiene (*Andrena florea*)

Es gibt in Deutschland ca. 560 »Wildbienenarten«, womit alle Bienenarten bis auf die Honigbiene gemeint sind. Wildbienen unterscheiden sich deutlich von der Honigbiene.

Eine weibliche Zaunrüben-Sandbiene sammelt Pollen für ihre Nachkommen (Männchen beteiligen sich nicht an der Brutpflege). Beachtenswert ist die Verteilung der Pollenkörner an den Hinterbeinen der Biene: Das sind nicht die kompakten Pollenklumpen (»Höschen«) wie bei Honigbiene oder Hummeln, vielmehr ist der Pollen großflächig an den Hinterbeinen und einem Teil des Körpers verteilt.

Keine Wildbienenart lebt in mehrjährigen Staaten, und nur die Honigbiene ist über die Imkerei aufs Engste an den Menschen gebunden. Von den Wildbienenarten ist ein großer Teil auf spezielle Pflanzenarten als Pollenquellen angewiesen, sie werden dann als »oligolektisch« bezeichnet.

Die knapp honigbienengroße Zaunrüben-Sandbiene ist ein typisches Beispiel. Sie sammelt Pollen ausschließlich an der Zaunrübe (Gattung *Bryonia*), einer Pflanze, die, wie ihr Name sagt, gern an Zäunen, aber auch an Waldrändern mit sonnenbeschienenen Flächen ihre mehrere Meter hoch rankenden Sprosse bildet. Die Wurzel ist rübenartig verdickt. Die Pflanze ist giftig, ebenso ihre weit sichtbaren roten Früchte, weshalb sie in Gärten oft entfernt wird. Aber: Ohne Zaunrübe gibt es keine Zaunrüben-Sandbiene, und die Biene nutzt ihre Futterpflanze in mehrerlei Hinsicht.

Die Bienen erscheinen ab Anfang Mai, zur Blüte der Zaunrüben, ihre Flugzeit endet auch mit der Blütezeit ihrer Wirtspflanze.

Die Bienenweibchen legen im Boden Gänge an, die 5–10 Zentimeter tief sind. Die Erde muss dafür stabil genug sein, oft werden verdichtete Bodenabschnitte, z. B. am Rand eines Wegs, gewählt. Am Ende des Ganges wird ein Pollenpaket deponiert, auf das ein Ei gelegt wird; die Pollenmenge ist genau bemessen, sie reicht für die Entwicklung einer Bienenlarve bis zur Verpuppung. Vor dem Pollenpaket wird aus Erdpartikeln eine Trennwand eingezogen. Dann kommt das nächste Pollenpaket, das wieder durch eine Trennwand abgeschlossen ist, bis schließlich,

Die Männchen der Zaunrüben-Sandbiene schlüpfen etwas früher im Jahr als die Weibchen. Sie warten an den Zaunrüben bis die Weibchen zum Pollensammeln auftauchen und fliegen die Weibchen dann gezielt an.

wie auf einer Perlschnur, eine Reihe von pollengefüllten Kammern mit je einem Ei angelegt ist. Die vorderen Kammern enthalten Eier, aus denen sich Männchen entwickeln, die hinteren die von Weibchen, was den Männchen erlaubt, im Frühjahr vor den Weibchen ins Freie zu gelangen. Da der Spermienvorrat, wie bei Bienen generell üblich, nach der Begattung im Weibchen in einer Samenblase gespeichert ist, die geöffnet und geschlossen werden kann, wird das Geschlecht der Folgegeneration durch das Weibchen bestimmt; aus unbefruchteten Eiern entwickeln sich Männchen, aus befruchteten Weibchen. Oft bilden die Bienen Kolonien, in denen viele Brutröhren nebeneinander liegen. Dieses unterirdische Domizil ist somit der Lebensraum von Eiern, Larven, Puppen und sogar den überwinternden Bienen. Diese schlüpfen schon im Herbst und überwintern in der Brutröhre.

Diesem Grundschema des Entwicklungszyklus folgen viele Wildbienenarten. Für die Bienenweibchen kann sich ein offensichtliches Problem ergeben: Beim Sammelflug gilt

Viele Zaunrüben-Sandbienen suchen gegen Abend die noch offenen Blüten der Zaunrübe auf. An ihren Bewegungen ist schnell zu erkennen, dass sie nicht Pollen sammeln wollen. Sie kuscheln sich in die Blüte, der Körper umgibt Staubgefäße und Stempel, und die Bienen schlafen ein. Die Blütenblätter schließen sich und bilden einen ausgezeichneten Schutz, am nächsten Morgen öffnen sie sich wieder und die Bienen fliegen schnell weg.

Brutbiotop der Zaunrübensandbiene. Die Brutbiotope sind, wie die vieler anderer Wildbienen, wenig oder gar nicht mit Vegetation bewachsene Flächen. Diese Rohbodenbiotope sind unauffällig – es kann, wie hier, eine Straßenböschung sein oder der verdichtete Boden am Rand eines Fußwegs, am Übergang vom Weg zur Grasnarbe.

es, oft nennenswerte Entfernungen zwischen Brutbiotopen und Futterpflanzen zu überwinden. Große Wildbienenarten können dabei Distanzen bis zur Größenordnung von 1500 Meter überwinden, kleine Wildbienenarten überwinden kaum Strecken über 300 Meter. Als grobe Regel kann gelten: je kürzer die Distanz für den Sammelflug, desto besser. Dafür gibt es verschiedene Gründe. Weite Flugdistanzen bedeuten für das Bienenweibchen ein erhöhtes Risiko, sei es durch Räuber oder durch Straßenverkehr. Da während des Sammelns die Brut unbewacht ist, erhöht sich mit längerer Abwesenheit der Weibchen die Wahrscheinlichkeit, dass Räuber oder Parasiten in die Brutröhre eindringen. An verschiedenen Wildbienenarten ist außerdem nachgewiesen worden, dass mit steigender Sammelflugdistanz die Fortpflanzungsrate sinkt, da die für die Entwicklung der Eier nötigen Energiereserven offensichtlich durch lange Flüge geschmälert werden.

Eine Landschaft mit Brutbiotopen und Futterpflanzen in räumlicher Nähe ist damit Voraussetzung dafür, dass die Zaunrüben-Sandbiene in der Kulturlandschaft leben kann. Dieses Prinzip gilt auch für andere Wildbienenarten.

Westliche Honigbiene (*Apis mellifera*)

Die heimische Honigbiene ist eine Besonderheit unter den Insekten. Keine andere Insektenart (vielleicht mit Ausnahme des Seidenspinners) hat einen derart weitreichenden Domestikationsprozess durchlaufen, kein anderes Insekt ist wirtschaftlich so wichtig geworden, und keine andere Art hat eine so komplexe und gleichzeitig gut erforschte Lebensweise. Honigbiene und Mensch sind eine Symbiose eingegangen – die Honigbiene liefert Bienenprodukte wie Honig und Wachs und trägt zur Blütenbestäubung bei, der Imker pflegt die Bienenvölker, der Entomologe erforscht ihre Lebensweise (unter anderem für die Entdeckung des Farbsehens bei der Honigbiene und der Tanzsprache, mit der Honigbienen sich im Stock gegenseitig über Trachtquellen informieren, erhielt Prof. Karl Ritter von Frisch 1973 den Nobelpreis). Und auch das gilt: Kein anderes Insekt ist heute in der Öffentlichkeit so bekannt wie die Honigbiene. Der Name »Westliche Honigbiene« rührt daher, dass es insgesamt noch 9 Honigbienenarten in anderen Teilen der Welt gibt.

Honigbienenarbeiterin in einer Blüte. Die Biene ist beladen mit einem Pollenklumpen am Hinterbein, dem »Höschen«. In der Blüte erscheinen die Bewegungen einer pollensammelnden Biene auf den ersten Blick wenig koordiniert, trotzdem landet der Pollen zielgenau im Sammelapparat.

Die Westliche Honigbiene ist eine heimische Tierart, die ursprünglich in Europa, Afrika und Vorderasien beheimatet war, heute ist sie durch die Imkerei in allen Kontinenten verbreitet. Das Zusammenleben mit dem Menschen kann als eine Erfolgsgeschichte für die Honigbiene bezeichnet werden: Sie wurde weltweit verbreitet, und sie erwies sich als anpassungsfähig. Die ursprüngliche Lebensweise eines Bienenvolks unterscheidet sich fundamental von der eines Volks in der Hand eines Imkers. Wilde Honigbienen legten ihre mehrjährigen Staaten in natürlichen Höhlen, beispielsweise in alten Bäumen, an. Heute werden sie von Imkern in künstlichen Beuten gehalten. Ob verwilderte Zuchtbienen sich überhaupt dauerhaft im Freiland erhalten, ist fraglich, auch weil Bienenkrankheiten und -parasiten weltweit verbreitet wurden.

Hier soll nicht Pro und Kontra einer Honigbienenzucht zur ertragsorientierten Imkerei diskutiert werden. An einem besteht aber kein Zweifel: Die Honigbiene ist ein phantastisches Insekt! Wer Gelegenheit hat, ein Bienenvolk im Garten zu halten, sollte dies nutzen. Der Bienenstaat funktioniert auf Grundlage von beneidenswert perfekter Arbeitsaufteilung zwischen den Bienenarbeiterinnen, von Kommunikation im Volk, den unterschiedlichen Leistungen von Königin, Drohnen und Arbeiterinnen, wie auch dem Bau präzise sechseckiger Waben aus selbst produziertem Wachs – all dies lässt sich beobachten. Ein kleiner Eindruck der Faszination der Honigbiene lässt sich vermitteln, wenn man ihren Apparat zum Sammeln von Pollen betrachtet.

Welche Quellen hat die Honigbiene für Nektar und Pollen? Im Gegensatz zur Zaunrüben-Sandbiene ist die Honigbiene ein unselektiver Blütenbesucher. Sie sammelt Pollen und Nektar an einer Vielzahl verschiedener Blütenarten. Eine Spezialisierung erfolgt durch die Lernfähigkeit auf der Ebene einzelner Individuen, die sich besonders ergiebige Trachtpflanzen merken und diese dann bevorzugt oder ausschließlich besammeln, was als »Blütenstetigkeit« bezeichnet wird. Allerdings ist damit die Liste der Nahrungs-

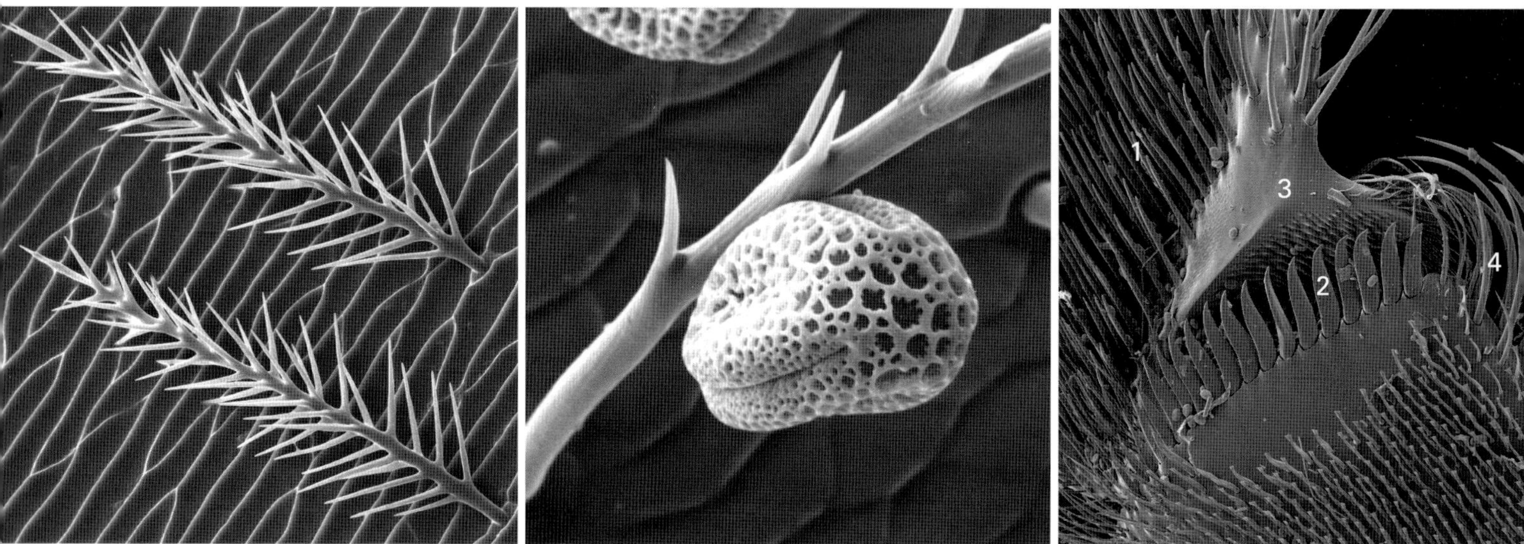

Die Elemente des Sammelapparats am Hinterbein erwecken den Eindruck technischer Perfektion. Sie sorgen dafür, dass der Pollen im Pollenhöschen landet. Wie aber kommt der Pollen aus der Blüte ins Höschen? Zunächst haftet er in der Körperbehaarung (links). Viele Bienenhaare sind stark verzweigt, was mit bloßem Auge nicht zu erkennen ist. Damit können Pollenkörner, die meist stark strukturiert sind, gut festgehalten werden (Mitte). Während des Flugs sind die Hinterbeine (rechts) in schneller Bewegung: Mit den Bürsten (1) wird der Pollen aus der Körperbehaarung herausgebürstet, dann mit dem steifen Kamm (2) des gegenüberliegenden Beins herausgekämmt. Der Fersensporn (3) drückt schließlich den Pollen nach oben, wo er in den langen Borsten des Körbchens (4) festgehalten wird.

quellen der Honigbiene noch keineswegs vollständig. Waldhonig hat als Quelle den »Honigtau« – zuckerhaltige Ausscheidungen verschiedener Blattläuse und Schildläuse, bevorzugt solcher, die auf Fichten leben. Auch andere Insekten haben ein Faible für diesen Zuckersaft. Ameisen schätzen ihn und sorgen für die Honigtauproduzenten, indem sie diese wie Haustiere pflegen, d.h. sie vor Feinden schützen und auf den Bäumen verbreiten, womit sie eine symbiontische Wechselbeziehung etabliert haben. Wer Waldhonig isst, streicht sich das Ergebnis einer hochkomplexen ökologischen Interaktion auf die Frühstückssemmel – beteiligt sind die Fichte als Wirtsbaum, Pflanzensauger als Honigtauproduzenten, Ameisen, die diese pflegen können, und schließlich die Honigbiene, die aus Honigtau Waldhonig macht.

Die Ansprüche an Blüten bei der unselektiv sammelnden und oft in großen Individuenzahlen auftretenden Honigbiene (ein Bienenvolk kann im Sommer ca. 50000 Arbeiterinnen enthalten) und den Wildbienen, die oft auf eine oder wenige Blühpflanzen angewiesen sind und meist individuenarme Kolonien bilden, können zu Zielkonflikten führen. Konkurrieren die Honigbienen mit den Wildbienen um Pollen- und Nektarnahrung? Zu dieser Frage gibt es eine Fülle an Studien mit sehr unterschiedlichen Ergebnissen. Als Trend lässt sich aus den Daten ableiten, dass bei genügend Blütenverfügbarkeit diese Konkurrenz wohl vernachlässigt werden kann, bei Blütenknappheit kann sie eine Rolle spielen, vor allem wenn Wanderimker nicht nur ein Volk, sondern mehrere in einem blütenarmen Lebensraum aufstellen.

Die Honigbiene kann, was ihre Anforderungen an Nahrungsressourcen in der Landschaft betrifft, als »Super-Generalist« bezeichnet werden. Sie sollte aufgrund dieser Besonderheiten nicht als Indikatororganismus für Bienen allgemein (d.h. einschließlich Wildbienen) und erst recht nicht für alle Blütenbestäuber betrachtet werden.

Dunkle Erdhummel (*Bombus terrestris*)

Die Dunkle Erdhummel ist eine der 41 heimischen Hummelarten (Hummeln sind in systematischer Hinsicht Bienen). Sie besucht viele verschiedene Blütenarten, was sie zu einer polylektischen Art macht (im Gegensatz zur Zaunrübensandbiene mit hochspezialisierten Nahrungsansprüchen). An zwei gelben Querbinden und einer weißen Hinterleibsspitze auf schwarzem Grund ist sie gut zu erkennen und sie zählt, mit bis zu knapp 3 Zentimeter Körpergröße, zu den größten heimischen Hummelarten. Allerdings ist es nicht leicht, sie von der nahe verwandten, ähnlich aussehenden und weit verbreiteten Hellgelben Erdhummel (*Bombus lucorum*) zu unterscheiden.

Hummelköniginnen suchen im zeitigen Frühjahr einen geeigneten Platz, um ein Nest anzulegen. Als Nahrung auf diesem Suchflug sind sie auf früh im Jahr blühende Pflanzen angewiesen. Die Königinnen können leicht beobachtet werden, wie sie alle möglichen Vertiefungen und Löcher inspizieren, bis sie schließlich erfolgreich sind: Ein Mäuseloch, ein Spalt unter einem Bretterboden oder unter Steinen, auch eine künstliche Nisthilfe können die Heimat werden. Das Nest, in der sich für ein Jahr eine bis 500 Individuen fassende Kolonie entwickelt, kann bis 1,5 Meter tief in der Erde angelegt werden. Es wird ausgepolstert mit Pflanzenresten, Haaren oder Federn. Die Königin baut darin tönnchenförmige, pollengefüllte Brutzellen, in die sie Eier legt, und zusätzlich einen »Honigtopf«, in dem sie Hummelhonig speichert (in der Tat können Hummeln Honig produzieren, allerdings im Vergleich zur Honigbiene in winzigen Mengen – etwa einen Fingerhut voll). Nachdem die erste Generation der meist kleinwüchsigen Arbeiterinnen herangewachsen ist, übernehmen diese und ihre später geschlüpften Geschwister mehr und mehr das Sammeln von Nektar und Pollen, um die Brut zu ernähren, sowie auch zusätzlich die Königin, welche weiter Eier legt, bis sie im Spätsommer stirbt. Auch die Arbeiterinnen überleben den Herbst nicht. Hummelkolonien sind einjährig – allerdings muss am Ende der Lebenszeit der Kolonie dafür gesorgt werden, dass es im nächsten Frühjahr wieder Königinnen gibt. Junge Weibchen schlüpfen und werden von Drohnen begattet, die sich spät im Jahr bilden. Nur die begatteten

Die Dunkle Erdhummel ist auch ein wichtiger Blütenbestäuber an Kulturpflanzen. Hier besucht ein Weibchen eine Lavendelblüte.

Weibchen überwintern, sie sind die neuen Königinnen, die im nächsten Jahr wieder Kolonien aufbauen werden. Zum Überwintern benötigen sie ein geschütztes Quartier, das sie etwa unter Laub, in einem Mäuseloch oder im Spalt zwischen Holz finden.

Die Dunkle Erdhummel bevorzugt offene Standorte, an denen sie Blüten und Strukturen für Nestbau und zum Überwintern findet. Waldränder, Hecken und Gärten sind dafür geeignet, und aufgrund ihrer wenig selektiven Lebensraumansprüche ist sie in Kulturlandschaften weit verbreitet.

Zwei Asiatische Marienkäfer bei der Paarung (links). Im Gegensatz zum Siebenpunkt-Marienkäfer können Asiatische Marienkäfer sehr variabel gefärbt sein. Zwei Larven des Asiatischen Marienkäfers fressen eine Blattlaus (Mitte). Das letzte Larvenstadium verpuppt sich in der Regel nahe an dem Ort, an dem es sich ernährt hat. Eine Puppe auf einem Blatt (rechts).

Siebenpunkt-Marienkäfer (*Coccinella septempunctata*)

Der Siebenpunkt ist der bekannteste der 82 heimischen Marienkäferarten. Er ist wegen seiner namensgebenden sieben schwarzen Punkte auf rotem Grund kaum mit anderen Käfern verwechselbar. Die knallig-bunte Farbe der Käfer lässt sich als Signalfarbe interpretieren: Marienkäfer schmecken schlecht und sind sogar giftig für Räuber wie insektenfressende Vögel oder angriffslustige Ameisen. Zur Abwehr dient das sogenannte »Reflexbluten«, das leicht beobachtet werden kann, wenn man einen Marienkäfer in die Hand nimmt und behutsam drückt. Die Käfer geben dann ein Tröpfchen orangefarbige Flüssigkeit ab. Diese Hämolymphe (bei Insekten wird nicht zwischen Blut und Lymphe unterschieden wie bei Wirbeltieren) wird durch Drüsen an den Beinen abgegeben und enthält Abwehrsubstanzen.

Zu den in Deutschland vorkommenden Marienkäferarten gehört auch der vielerorts häufig auftretende Asiatische Marienkäfer (*Harmonia axyridis*), der, wie der Name sagt, aus Asien stammt. Er wurde zur biologischen Schädlingsbekämpfung in Gewächshäusern eingeführt, ist aber entwichen und ist seit etwa 2002 in Deutschland im Freiland verbreitet. Beide Marienkäferarten haben gemeinsam, dass sie als Larve wie als Imago Räuber sind, ihre bevorzugte Beute sind Blattläuse, sie fressen aber auch Spinnmilben, Wanzen oder andere Insekten. Über 100 Blattläuse pro Tag kann ein Siebenpunkt vertilgen, eine Larve schafft bis zu ihrer Verpuppung etwa 500 Blattläuse. Angesichts dieser Nahrungspräferenz ist es keine Überraschung, dass Larven wie Käfer bevorzugt in der Nähe von Blattlauskolonien leben und dort ihre gelben Eier ablegen und sich die Larven auch dort verpuppen. Zum Überwintern suchen die Käfer Versteckmöglichkeiten, für die sie teils große Distanzen zurücklegen und in denen sie sich meist gesellig, oft in großen Gruppen, aufhalten. Das können Schutz bietende Hohlräume in verrottenden Bäumen sein, Mauerspalten, Laubhaufen oder Spalten zwischen Steinen.

Für Marienkäfer gilt, wie für Räuber allgemein, dass ihre Verbreitung vom Vorhandensein ihrer Beutetiere abhängig ist, die wiederum eigene Ansprüche an ihre Umwelt stellen. Blattläuse sind zwar häufige Insekten, aber nur dann, wenn sich geeignete Wirtspflanzen für sie finden und sie sich darauf entwickeln können. Wer in seinem Garten Marienkäfer sehen möchte, ist deshalb gut beraten, nicht mit eiserner Konsequenz Blattläuse zu entfernen.

Blattlausfressende Marienkäfer stellen insofern eine Besonderheit dar, als sie holometabole Insekten sind, bei denen Larven wie geschlechtsreife Tiere dieselbe Nahrung fressen. Unter dem Aspekt der Lebensraumansprüche sind damit die Verfügbarkeit von Blattläusen und geeignete Quartiere für die Überwinterung zu nennen.

Feld-Sandlaufkäfer (*Cicindela campestris*)

Der Feld-Sandlaufkäfer gehört zur artenreichen Familie der Laufkäfer, die fast ausnahmslos räuberisch leben. Der Feld-Sandlaufkäfer wird etwa 1,5 Zentimeter groß und fällt nicht nur durch seine attraktive grünschillernde Körperfarbe auf, sondern auch durch sein Verhalten.

Feld-Sandlaufkäfer sind in den Sommermonaten, etwa zwischen April und September, auf vegetationsarmen Flächen zu sehen, wo sie sich außerordentlich schnell bewegen. Sie zeigen ein für Käfer sehr ungewöhnliches Fluchtverhalten. Wenn man sich ihnen nähert, laufen sie schnell weg, fliegen einige Meter weiter, landen und drehen sich in Richtung der Störquelle um. Das können sie mehrmals wiederholen, bis ihnen erkennbar die Kraft ausgeht und sie sich lieber in ein Versteck zurückziehen, als nochmals zu starten. Sie sind Räuber, die sich von Insekten und Spinnen ernähren. Die Beute wird im Sprint erjagt, mit den kräftigen Mandibeln getötet und dann zerkleinert. Die Larven graben bis zu 40 Zentimeter tiefe Gänge senkrecht in den Boden. Sie sind langgestreckt, Kopf- und Brusthinterseiten bilden einen Deckel, der die Öffnung des Gangs verschließt. Im Gang können sie sich schnell auf- und abwärts bewegen, wofür sie nicht die Beine benutzen, sondern umgebildete Körperanhänge. Wenn ein Insekt oder eine Spinne geeigneter Größe an einem Gang vorbeiläuft, kommen die Larven schnell nach außen und ergreifen die Beute.

Der Feld-Sandlaufkäfer (hier an einem Wildbienenloch) ist kaum mit einem anderen Käfer zu verwechseln. Der Kopf ist deutlich abgesetzt, die kräftigen, spitzen Mandibeln ragen nach vorne, die Körperoberseite ist meist schillernd grün, mit zwei zentralen und mehreren seitlichen weißen Flecken auf den Deckflügeln.

Der typische Lebensraum der Feld-Sandlaufkäfer sind sonnenbeschiene, vegetationsarme oder vegetationsfreie Flächen (»Rohbodenbiotope«) mit geeignetem Untergrund, in dem die Larven ihre Gänge anlegen können und in denen sich genügend Beutetiere finden.

Pinselkäfer (*Trichius gallicus*)

Pinselkäfer gehören zur Familie der Blatthornkäfer, die durch fächerförmig verbreiterte Endglieder der Antennen gekennzeichnet ist. Es gibt in Deutschland mehrere sehr ähnlich aussehende Arten der Pinselkäfer, die sich nur durch kleine Merkmale an den Vorderbeinen unterscheiden. Die Käfer sind etwas über einen Zentimeter lang, die Flügeldecken sind gelb, mit drei dunkelbraunen Querbinden.

Pinselkäfer sind auf Blüten zu sehen, wo sie ruhig sitzen und Pollen fressen. Vor allem Korbblütler wie Margeriten und andere Blüten, deren Pollen nicht von einem Kelch geschützt sind, werden gern besucht. Bei Störung fliegen die Käfer schnell weg.

Die Larven der Pinselkäfer sind Engerlinge. Damit werden üblicherweise Larven von Blatthornkäfern bezeichnet, die einen weißen, u-förmig gebogenen, weichhäutigen Körper haben, und eine stabile braune Kopfkapsel mit kräftigen Mandibeln. Pinselkäferlarven fressen Totholz oder andere abgestorbene Pflanzenteile. Die Larvenentwicklung dauert zwei Jahre, die Larve entwickelt sich in morschem Laubholz (in verrottenden Baumstümpfen oder im Mulm zerfallender alter Baumstämme). Der Engerling des in der Norddeutschen Tiefebene verbreiteten Glattschienigen Pinselkäfers (*Trichius gallicus*) bevorzugt von Weißfäule befallenes Holz. »Weißfäule« bezeichnet einen Typus des organischen Abbaus von Holz, der von Pilzen hervorgerufen wird, deren Hyphen (d. h. fadenförmige Strukturen, die in mancherlei Hinsicht mit den Wurzeln höherer Pflanzen vergleichbar sind) das Holz durchwachsen.

Damit ergibt sich beim Pinselkäfer eine Abhängigkeit von verschiedenen Lebensräumen und anderen Organismen. Die Käfer finden sich bevorzugt auf Wiesen, in denen sie Blüten mit leicht erreichbaren pollengefüllten Staubblättern finden. Die Larven sind Bewohner von Totholz mit holzabbauenden Pilzen und fressen auch anderes zerfallendes Pflanzenmaterial.

Wollkraut-Gallenrüssler (*Rhinusa asellus*)

Der Wollkraut-Gallenrüssler gehört zur artenreichen Familie der Rüsselkäfer, die gekennzeichnet ist durch eine rüsselförmig verlängerte Kopfkapsel. Die kleine Mundöffnung liegt am Ende dieses »Rüssels«. Rüsselkäfer und ihre Larven fressen üblicherweise Pflanzen, Wurzeln oder Samen. Der Wollkraut-Gallenrüssler ist ein kleiner Käfer, der etwa einen halben Zentimeter lang wird und dessen Körper mit grauen Haaren bedeckt ist. Auffällig ist der schlanke Rüssel, der beim Weibchen etwa doppelt so lang wie beim Männchen wird.

Wollkraut-Gallerüssel sind ein Beispiel für Nahrungsspezialisten, die ihre gesamte Entwicklung auf einer Wirtspflanze, der Königskerze, durchlaufen. Da Königskerzen gern in trockenen und warmen Lebensräumen wie Dämmen und Böschungen wachsen, ist auch der Käfer dort zu finden. Die Käfer fressen nach der Überwinterung an den frischen Trieben der Königskerze und sind häufig an den Spitzen der jungen Blütenstände zu finden. Zur Eiablage werden vom Weibchen Löcher in die Stängel genagt. Die Larve entwickelt sich im Inneren der Königskerze. Befallene Pflanzen sind daran zu erkennen, dass sich um die Fraßhöhlen der Larven Verdickungen (»Gallen«) bilden. Die Verpuppung erfolgt innerhalb der Wirtspflanze, ab August sind dann die frisch geschlüpften Käfer zu finden.

Breitmundfliege (*Platystoma seminationis*)

Breitmundfliegen sind etwa 5–7 Millimeter lange, grauschwarz gefärbte Fliegen. Sehr charakteristisch ist die Zeichnung der Flügel mit einer schwarzen Grundfarbe, die von weißen Flecken durchsetzt ist. Die Fliegen halten sich von April bis Juni in niedriger Vegetation auf, bevorzugt an den Rändern von Hecken oder an Waldrändern. Sie ernähren sich von zuckerhaltigen Flüssigkeiten (Nektar, Honigtau), sind aber auch an Fäkalien zu finden.

Auffällig ist das Balzritual der Breitmundfliegen. Nachdem ein Pärchen sich gefunden hat, beginnt ein Tanz, bei dem die Partner sich umkreisen. Sobald das Weibchen paa-

Ein Pinselkäfer auf einer Margeritenblüte. Der Käfer beißt die noch geschlossenen Blüten auf, um an den Pollen zu gelangen.

Dieses Wollkraut-Gallenrüsslerpärchen sitzt auf einer Königskerze, deutlich ist der längere »Rüssel« des Weibchens zu erkennen.

Das Kussritual bei der Balz der Breitmundfliegen: Die Rüssel der Fliegen nähern sich an und verschmelzen. Dieses Ritual wird wiederholt und kann über eine Stunde dauern. Anschließend kann es zur Begattung kommen. Der Zweck des Balzrituals ist nicht bekannt – darf die Vermenschlichung des Kusses der Fliegen so weit gehen, dass die beiden sich zuerst näher kennenlernen wollen?

rungsbereit ist, streckt es den Hinterleib dem Männchen entgegen, das langsam und behutsam auf das Weibchen steigt. Danach pressen die beiden ihre Mundwerkzeuge, die nach Fliegenart als Tupfrüssel ausgebildet sind, aufeinander. Der Vergleich mit einem Kuss ist eigentlich unvermeidlich, weshalb die Fliegen auch als »Kussfliegen« bezeichnet werden.

Die Eiablage erfolgt im Boden. Die Larven sind Maden, d. h. wurmförmige Larven ohne Extremitäten und Kopfkapsel, wie sie für Fliegen typisch sind. Sie leben auf dem Boden in zerfallendem Pflanzenmaterial und fressen dort wohl in erster Linie die Pilze, die sich darin entwickeln und den Detritus zersetzten.

Die Lebensraumansprüche der Breitmundfliegen bestehen damit aus Vegetation mit Blüten, deren Nektarien für die Tupfrüssel der Fliegen leicht erreichbar sind, gegebenenfalls auch mit Blattläusen als Honigtauproduzenten oder verfügbaren Fäkalien. Die Fliegen halten sich zudem gern auf sonnenbeschienener Vegetation auf. Die Larven benötigen Boden mit verrottendem Pflanzenmaterial.

Wiesenschnake (*Tipula paludosa*)

Die Wiesenschnake ist eine große, auffällige Mücke. Mücken sind, ebenso wie Fliegen, Zweiflügler, haben aber in aller Regel einen grazileren Körper als letztere, und fadenförmige Antennen. Die Weibchen der Wiesenschnake werden über 2 Zentimeter lang, die Männchen bleiben etwas kleiner. Auf den ersten Blick sehen sie wie vergrößerte Stechmücken aus, und mancher, der mit Insektenkunde nicht vertraut ist, macht sich beim Anblick einer Wiesenschnake Sorgen – wenn schon die Stiche der kleinen Stechmücken jucken, wie schlimm wird es dann bei diesen Riesenmücken sein? Aber die Sorge ist unbegründet: Wiesenschnaken stechen nicht, sie ernähren sich in ihrem kurzen Leben in den Spätsommermonaten ausschließlich von zuckerhaltigen Säften, vor allem vom Nektar von Blüten mit leicht erreichbaren Nektarien, denn Wiesenschnaken haben nicht, wie Schmetterlinge oder Bienen, rüsselförmig verlängerte Mundwerkzeuge.

Wiesenschnaken pflanzen sich mit in einer Generation pro Jahr fort. Die Eiablage erfolgt im feuchten Boden, oft in Wiesen in Gärten oder auf Landwirtschaftsflächen. Dort ernähren die Larven sich von Wurzeln knapp unter der Erdoberfläche, nachts verlassen sie auch den Boden und fressen oberirdische Pflanzenteile. Auch gepflegter Rasen fällt den Larven zum Opfer. Im typischen Fall entstehen kahle Stellen aus abgestorbenem Gras. Dies kommt auch in landwirtschaftlichem Grünland vor, seltener in Getreidefeldern. Die Larven überwintern im Boden, dort erfolgt auch die Verpuppung.

Die Wiesenschnake ist, wie der Name sagt, ein Bewohner der offenen Landschaft. Die Larven leben im Boden und ernähren sich auch von oberirdischen Pflanzenteilen. Die Imagines benötigen Blüten, deren Nektarien mit ihren Mundwerkzeugen leicht erreichbar sind.

Gemeine Feldschwebfliege (*Eupeodes corollae*)

Namensgebendes Merkmal der Schwebfliegen ist ihr Schwirrflug, mit dem sie in der Luft schweben können. Bis zu 300 Flügelschläge pro Sekunde sind beschrieben! Die Gemeine Feldschwebfliege ist eine häufige und attraktive heimische Art, die etwas über 1 Zentimeter lang wird und auf dem Abdomen ein auffälliges Streifenmuster hat.

Gemeine Feldschwebfliegen sind Blütenbesucher und ernähren sich von Nektar und Pollen. Sie sind hier nahezu ganzjährig zu beobachten. Man kann sie bereits zeitig im Jahr an warmen Tagen sehen, denn begattete Weibchen können überwintern. Die Eiablage erfolgt an der bevorzugten Nahrung der Larven, nämlich in oder neben Blatt-

Imago und Larve der Wiesenschnake. Die langen Beine der Wiesenschnake sehen zerbrechlich aus, und in der Tat haben viele Individuen das eine oder andere Bein verloren. Deutlich zu sehen sind hier die Schwingkölbchen, keulenförmige Strukturen unter den Flügeln, ein typisches Merkmal der Zweiflügler, das entwicklungsgeschichtlich aus den Hinterflügeln hervorgegangen ist. Die Schwingkölbchen dienen vermutlich während des Fluges als Gleichgewichtssinnesorgane. Die walzenförmigen Larven der Wiesenschnaken haben weder Extremitäten noch eine feste Kopfkapsel. Auffällig sind die Fortsätze am Körperende, wobei mit etwas Phantasie eine »Teufelsfratze« mit den paarigen Tracheenöffnungen als Augen zu sehen ist.

Ein Männchen der Gemeinen Feldschwebfliege (links). Neben der wespenartigen Färbung des Abdomens fallen die großen, roten, den Kopf fast völlig umfassenden Komplexaugen auf, die beim Männchen größer als beim Weibchen sind und bei denen man davon ausgehen kann, dass sie den Fliegen nahezu einen Rundumblick nach allen Seiten erlauben. Eine Schwebfliegenlarve (rechts) saugt eine Holunderblattlaus (Aphis sambuci) aus. Pro Tag kann eine Schwebfliegenlarve rund hundert Blattläuse vertilgen. Das Beutetier gibt hier zwei Flüssigkeitströpfchen ab, die eine klebrige Substanz zur Abwehr des Räubers enthalten, sowie einen Duftstoff, der ihre Koloniegenossinnen zur Flucht anregt.

lauskolonien. Die kopf- und beinlosen Larven bevorzugen Blattläuse als Nahrung und sind oft dabei zu beobachten, wie sie in einer Blattlauskolonie eine Laus nach der anderen mit ihren kräftigen Mundwerkzeugen aussaugen.

Die Larven verpuppen sich in der letzten Larvenhaut, was zu einem tropfenförmigen Puppenstadium, einem Puparium, führt, das meist in der Nähe einer Blattlauskolonie in der Vegetation befestigt wird. Nach wenigen Tagen schlüpft die nächste Schwebfliegengeneration, in warmen Regionen können mehrere Generationen pro Jahr durchlaufen werden. Die Überwinterung erfolgt in der Regel als Puparium. Das Gros der Individuen wandert in Deutschland alljährlich aus warmen Regionen Europas zu.

Die Gemeine Felschwebfliege ist ein sehr erfolgreiches Wanderinsekt, das sich alljährlich aus dem Mittelmeergebiet heraus über ganz Europa ausbreitet. Günstige Luftströmungen ausnutzend können sie sogar die Alpen überqueren. Dabei wurden schon Flughöhen von 1100–1400 Metern über dem Boden beschrieben. Im Herbst erfolgt die Rückreise der meisten Tiere.

Hornissen-Schwebfliege (*Volucella zonaria*)

Die Hornissen-Schwebfliege ist die größte und farbenprächtigste Schwebfliege Europas. Sie wird über 2 Zentimeter lang. Namensgebendes Merkmal ist die hornissenartige schwarz-orangefarbene Streifung des Hinterleibs.

Adulte Hornissenschwebfliegen ernähren sich von Nektar. Sie besuchen unterschiedliche Blütenpflanzen, die offenliegende Nektarien haben. Das können Disteln, Baldrian, Skabiosen und andere Pflanzen sein. Die Larven leben in den Nestern von sozial lebenden Hautflüglern wie Hornissen, Hummeln oder Faltenwespen, wobei Hornissennester bevorzugt werden. Die Larven werden etwa 2 Zentimeter lang und bedecken sich mit Erdpartikeln. In den Nestern leben sie von »Abfall«: Sie fressen tote und sterbende Insekten sowie Futterreste (die in einem Hornissen- oder Wespennest ausreichend anfallen, denn die Larven der Wirtsinsekten werden mit Insekten gefüttert). Damit gelten die Schwebfliegenlarven als »Kommensalen«, d. h. als Mitesser, die zwar von ihren Wirtsinsekten abhängig sind, diese aber nicht schädigen.

Die Hornissen-Schwebfliege benötigt somit geeignete Blütenpflanzen als Nektarspender und staatenbildende Hautflügler, in deren Nestern sich die Larven entwickeln können.

Die hornissenartige Zeichnung der Hornissen-Schwebfliege steht wohl im Zusammenhang mit ihrem Eiablageverhalten. Dazu müssen die Weibchen in Hautflüglernester, beispielsweise von Hornissen, eindringen. Das ist für ein Weibchen riskant, weil Hornissen Eindringlinge üblicherweise abwehren. Das Schwebfliegenweibchen nutzt wohl zwei Schutzmechanismen: zum einen die äußere Ähnlichkeit mit Hornissen, zum anderen die Abgabe von Duftstoffen,, die auf Hornissen eine beruhigende Wirkung haben.

Ameisenjungfer *(Myrmeleon formicarius)*

Ameisenjungfern gehören zur relativ artenarmen Ordnung der Netzflügler, deren namensgebendes Merkmal die von einem dichten Netz aus Adern durchzogenen durchsichtigen Flügel sind. Ameisenjungfern sind eine kleine Gruppe dieser Ordnung, deren Larven hochspezialisierte Jäger sind. In Deutschland ist die Gemeine Ameisenjungfer die häufigste Art.

Das geschlechtsreife Insekt, die »Ameisenjungfer«, ähnelt einer 3–4 Zentimeter langen Kleinlibelle, ist aber leicht an den längeren Fühlern zu unterscheiden. Tagsüber sitzt sie meist in Ruhestellung, mit zusammengelegten Flügeln, verborgen in der Vegetation. Sie ist nachtaktiv und jagt dann kleine fliegende Insekten. Deutlich auffälliger ist die Larve und ihre Fangstrategie. Die Larve, der »Ameisenlöwe«, baut trichterförmige Vertiefungen in lockerem Sand, an deren Grund sie lauert. Die Larve ist bis auf die spitzen, innen hohlen Mandibeln mit Sand bedeckt. Dieser Trichter erweist sich als perfekte Falle für kleine Insekten, Spinnen und Asseln (nicht nur für Ameisen). Wenn sie die Trichterwände nach unten geglitten sind, werden sie von den Mandibeln des Ameisenlöwen gepackt, mit einer Giftinjektion getötet und ausgesogen. Sollten sie versuchen, zu entkommen und die Trichterwände nach oben zu laufen, beginnt der Ameisenlöwe, durch ruckartige Körperbewegungen mit Sand nach dem Beutetier zu werfen.

Der Lebensraum des Ameisenlöwen ist zweigeteilt, einmal bestimmt durch die geschlechtsreife Ameisenjungfer, dann durch den Ameisenlöwen, die Larve. Ameisenjungfern sind unspezifisch in ihren Ansprüchen, sie benötigen Vegetation und flugfähige Insekten als Beute. Anders sind die Ansprüche des »Löwen«: Er benötigt lockeren Sand, und zwar in einem Areal, das vor Regen geschützt ist. Das können sehr kleine Flächen sein, etwa unter einer überhängenden Böschung (das muss nicht Naturstein sein, es genügt auch eine Betonschwelle), wo oft ein Trichter neben dem anderen liegt. Auch im Staub unter Autobahnbrücken und am Straßenrand finden sich Trichter des Ameisenlöwen. Wichtig ist, dass genügend Beutetiere vorkommen.

Eine Ameisenjungfer sitzt mit zusammengefalteten Flügeln in Ruhestellung in der Vegetation (links). Der Ameisenlöwe hat einen sehr auffälligen zweigeteilten Körperbau (Mitte). Vorne am Kopf sitzen die spitzen, hohlen Mandibeln. Der zweigeteilte Körper erlaubt ruckartige Bewegungen, sowohl zum Bau des Trichters wie auch zum Bewerfen fliehender Beutetiere mit Sand. Unter einer Baumwurzel liegt eine kleine regengeschützte Sandfläche, in der mehrere Ameisenlöwen ihre Fangtrichter gebaut haben (rechts).

Europäische Gottesanbeterin (*Mantis religiosa*)

Die Europäische Gottesanbeterin gehört zur Ordnung der Fangschrecken, die zu den hemimetabolen Insekten zählen. Damit ist zu erwarten, dass sich Imagines und Larvenstadien in Körperform und Lebensweise ähneln, was auch der Fall ist.

Gottesanbeterinnen besitzen speziell umgeformte Vorderextremitäten, die namensgebend wie zum Gebet erhoben werden, aber tatsächlich hochentwickelte Fangapparate sind.

Gottesanbeterinnen ernähren sich von Insekten und Spinnen, manchmal sogar von einer kleinen Eidechse oder einer Maus – eigentlich von allem, was von der Größe her als Beutetier geeignet und so unvorsichtig ist, sich in die Nähe ihrer Fangbeine zu begeben. Die Europäische Gottesanbeterin wird knapp 8 Zentimeter lang, die Männchen bleiben meist etwas kleiner. Sie kann grün oder braun gefärbt sein. Die Gottesanbeterin hält sich gern in lockerer Vegetation auf, wo sie regungslos an einer Blüte sitzt und

Die Oothek (hier geöffnet) einer Gottesanbeterin ist im Inneren gekammert. Die Funktion der Kammern ist wohl, dass die schlüpfenden räuberischen Junglarven separiert werden und nicht sofort nach dem Schlupf ihre Geschwister verspeisen.

Larve der Europäischen Gottesanbeterin (links). Dieses Larvenstadium wird in der nächsten Häutung zur Imago, die Flügelscheiden sind schon deutlich ausgebildet. Paarung der Europäischen Gottesanbeterin (rechts). Das grüne Weibchen ist während der Paarung damit beschäftigt, zu beobachten, ob sich Insekten auf der Blüte niederlasssen. Das kann sich für das Männchen als Glücksfall erweisen: Gottesanbeterinnen sind dafür bekannt, dass Männchen während oder nach der Hochzeit von den Weibchen verspeist werden können.

auf ein Insekt wartet, kann sich aber auch mit vorsichtigen Bewegungen an ein Beutetier anschleichen. Mit den großen Augen an dem dreieckigen Kopf wird das Beutetier zunächst fixiert, bevor die Gottesanbeterin zuschlägt. Dann ist es schon zu spät für die Flucht: Der Fangschlag erfolgt innerhalb von 50 bis 60 Millisekunden, das Beutetier wird an den Dornen der Fangbeine aufgespießt und gefressen.

Eine Gottesanbeterin paart sich nur einmal in ihrem Leben. Nach der Begattung produziert das Weibchen eine schaumige, mehrere Zentimeter große, schnell erhärtende »Oothek«, in deren Inneren sich die Eier befinden. In dieser gerne unter Steinen (aber Hauptsache vor dem Regen geschützt) befestigten Oothek überwintern die Eier. Die adulten Tiere sterben im Herbst.

Europäische Gottesanbeterinnen sind außerordentlich erfolgreiche Insekten. Sie waren ursprünglich wohl in Afrika beheimatet und haben sich dann im Süden Europas ausgebreitet. In Amerika wurden sie ausgesetzt und sind inzwischen fest etabliert. In Deutschland waren sie ursprünglich auf Wärmegebiete beschränkt, z. B. den Kaiserstuhl, heute kommen sie in den meisten Bundesländern vor.

Die Europäische Gottesanbeterin besiedelt vor allem warme, mit niedriger Vegetation schütter bewachsene Lebensräume, in denen sie genügend Insekten zur Nahrung findet. Sie kommt auch im Siedlungsbereich vor. Für die Eiablage benötigt sie ein festes Substrat, unter dem sie die Ootheken anbringen kann.

Große Rosenblattlaus (*Macrosiphum rosae*)

Die Große Rosenblattlaus ist ein Schnabelkerf, sie ist also hemimetabol und hat die Mundwerkzeuge zu einem Stech- und Saugrüssel umgebildet. Große Rosenblattläuse werden 2–4 Millimeter lang. Sie können sehr unterschiedlich aussehen, grün oder rosa gefärbt, und es gibt geflügelte und ungeflügelte Individuen. Besser als eine Bestimmung nach äußeren Merkmalen ist die Kombination aus Blattlauskolonie und Wirtspflanze: Wer auf einer Rose eine Blattlauskolonie findet, hat mit großer Wahrscheinlichkeit die Große Rosenblattlaus vor sich (die Art kann sich aber auch auf anderen Wirtspflanzen entwickeln).

Die Weibchen legen im Herbst Eier an die Triebspitzen der Rosen, aus denen im Frühjahr ungeflügelte Weibchen schlüpfen. Diese »Stammmütter« beginnen sehr schnell mit der Massenproduktion von Jungtieren mittels parthenogenetischer Fortpflanzung, die nachfolgenden Generationen verwenden dieselbe Fortpflanzungsweise. Männchen werden dazu nicht benötigt. Das Resultat sind rapide wachsende, individuenreiche Blattlauskolonien. Dabei werden die Rosen geschädigt: Triebe verkümmern, Blütenknospen entwickeln sich nicht und Blattknospen bleiben in der Entwicklung zurück. Diese Effekte, oft treten sie weit entfernt von der ursächlichen Blattlauskolonie auf, werden weniger durch die Entnahme von Pflanzensäften verursacht als durch Blattlausspeichel.

Ein Blattlausweibchen ist festgesogen an der Wirtspflanze. Es kann parthenogenetisch Jungtiere erzeugen, somit kann schnell eine neue Blattlauskolonie aufgebaut werden.

Ein Blattlausweibchen mit seinen Jungtieren wird von einer Schlupfwespe (im Hintergrund) attackiert (links). Schlupfwespen legen Eier in Blattläuse, die Larven entwickeln sich in deren Innerem. Von der Blattlaus bleibt am Ende nur die leere Hülle (»Mumie«) übrig (rechts), nachdem die Schlupfwespe die tote Blattlaus durch eine deckelartige Öffnung verlassen hat.

Die Große Rosenblattlaus hat einen komplexen Entwicklungszyklus und lebt von verschiedenen Wirtspflanzen, nicht nur von Kulturrosen im Garten, sondern auch von wilden Heckenrosen. Später im Jahr bilden sich geflügelte Männchen und Weibchen, die sich paaren, und es kann ein Wirtswechsel von Rosen- auf Karden- und Baldriangewächse erfolgen. Von da aus erfolgt im Spätsommer eine Rückwanderung auf Rosen.

Blattläuse sind sehr vielfältig in ökologische Wechselbeziehungen eingebunden. Der von ihnen ausgeschiedene Honigtau ist ein zuckerhaltiges Sekret, das vielen Insekten als Nahrung dient, beispielsweise Schwebfliegen und auch manchen Bienenarten. Verschiedene Ameisenarten, die den Honigtau sammeln, pflegen die Blattläuse und verteidigen sie gegen Fraßfeinde. Blattläuse sind eine bevorzugte Beute von Marienkäfern, Schwebfliegen- und Florfliegenlarven, und sie werden von Schlupfwespen parasitiert. Deren Larven entwickeln sich im Inneren der Blattläuse und fressen sie leer, übrig bleibt eine hellbraune Blattlausmumie.

Die Große Rosenblattlaus stellt somit, wie auch andere Blattlausarten, ein wichtiges Element in vielen Nahrungsketten dar. Ihre Lebensräume werden in erster Linie vom Vorkommen geeigneter Wirtspflanzen bestimmt, vor allem von Rosen und von Karden- und Baldriangewächsen.

Plattbauch-Libelle (*Libellula depressa*)

Die Plattbauch-Libelle ist ein Räuber, der ein außerordentlich schneller und wendiger Flieger ist und dessen Larve ebenso räuberisch im Wasser lebt. Die Spannweite der Libelle beträgt 70–80 Millimeter. Ältere Männchen haben einen blau gefärbten Hinterleib, die Weibchen sind unscheinbar braun. Großlibellen heißen auf Englisch »Dragonflies«, und für ein vorbeifliegendes Beutetier mag der Räuber wegen seines reißenden, zielgerichteten Flugs in der Tat wie ein unüberwindlicher Drache erscheinen.

Der Plattbauch ist eine relativ häufige einheimische Libelle. Die Larven benötigen für ihre Entwicklung ein bis zwei Jahre, dann verlassen sie das Wasser. Die Larve hält sich dann in der Vegetation im Uferbereich fest, sie platzt im Brustbereich auf, und eine zunächst weichhäutige, hellgefärbte Libelle schiebt sich nach außen.

Libellen benötigen zwei Lebensräume: ein Gewässer für die Entwicklung der Larven und ein Territorium, in dem die geschlechtsreifen Tiere Beute jagen und sich paaren können. Viele Libellen können große Distanzen über Land zurücklegen, deswegen kann man Großlibellen oft weitab von Gewässern sehen. Die bevorzugten Gewässer des Plattbauchs für die Larvenentwicklung sind sonnenexponiert, flach, mit schlammigem Untergrund, in dem sich die Larven verbergen können. Regenrückhaltebecken kommen als Lebensraum für die Larven in Betracht. Die Gewässer können auch im Sommer austrocknen, dann ziehen sich die Larven in den Schlamm zurück. Für Paarung und Jagd benötigen die adulten Libellen strukturreiche Areale mit reichlich Insektenvorkommen.

Ein ausgefärbtes Männchen der Plattbauch-Libelle (links). In dieser typischen Körperstellung halten sich die Libellen gern in der Vegetation in der Nähe eines Gewässers auf und warten auf vorbeifliegende Beutetiere. Diese Kaulquappe lebt gefährlich (rechts). Sie erkennt die im Schlamm verborgene Libellenlarve offensichtlich nicht und weidet die Algen auf der Oberfläche der Larve ab. Kaulquappen sind die Hauptnahrung der Larven des Plattbauchs.

Was lässt sich aus den Fallbeispielen ableiten?

Eines ist offensichtlich: Der Vielfalt an Formen und Farben der Insekten entspricht eine Vielfalt an Lebensweisen, und damit auch eine Vielfalt an Ansprüchen an die Lebensräume. Diese Diversität der Ansprüche besteht sowohl durch die Vielfalt der Arten, aber oft auch bereits innerhalb einer Art aufgrund der unterschiedlichen Entwicklungsstadien mit den jeweiligen Ansprüchen an die Umwelt.

Insekten haben mit anderen Tieren wie auch dem Menschen gemeinsam, dass sie direkt oder indirekt von Pflanzen leben. Pflanzen stellen die erste Stufe der Nahrungskette dar, weil sie bei der Photosynthese mittels Lichtenergie aus niedermolekularem Kohlendioxid hochmolekulare Verbindungen aufbauen. Insekten, die pflanzliche Biomasse fressen, bilden die zweite Stufe der Nahrungskette. Wenn sie Räuber oder Parasiten sind und ihnen Pflanzenfresser als Nahrung dienen, gehören sie zu einer höheren Stufe der Nahrungskette. Die Abhängigkeit von Pflanzen kann somit direkt oder indirekt sein: direkt, weil pflanzliche Biomasse die Grundlage der Nahrung ist, indirekt, weil Räuber oder Parasiten von Pflanzenfressern leben (oder von Beutetieren, die zwar selbst Räuber sind, aber sich von Pflanzenfressern ernähren). Pflanzen bieten Insekten eine endlose Fülle an Nahrungsressourcen: Blätter, Holz, andere Teile des vegetativen Pflanzenkörpers oder die Blüten mit Pollen und Nektar.

Lässt sich die Fülle der Lebensweisen der Insekten nach der Art ihrer Ernährung in Gruppen ordnen? »Blütenbesucher« oder »Pflanzenfresser« leben direkt von pflanzlicher Biomasse, »Destruenten« von abbauendem Pflanzenmaterial und oft von den Mikroben, die diesen Abbau bewerkstelligen, »Räuber« und »Parasiten« benötigen Beutetiere, die selbst Pflanzenfresser sein können.

Typische Pflanzenfresser sind zum Beispiel der Wollkraut-Gallenrüssler oder die Große Rosenblattlaus, die sich als Larve wie als geschlechtsreifes Insekt von der gleichen Pflanzenart ernähren können. Beide Arten sind selektiv in Bezug auf die Auswahl ihrer Wirtspflanzen und sind damit indirekt von deren Lebensraum abhängig. Der Wollkraut-Gallenrüssler wird als oligophag bezeichnet, er entwickelt sich an verschiedenen Arten der Königskerze. Komplexer ist die Spezifität bei der Großen Rosenblattlaus, weil sie zwar verschiedene Rosenarten als Wirtspflanze hat, aber im Sommer auf Karden- und Baldriangewächse wechseln kann.

Auch viele Arten der Blütenbesucher leben von pflanzlicher Biomasse. Bei ihnen wird eine eindeutige Gruppierung nach der Art der Ernährung allerdings komplex. Ist die Art »Tagpfauenauge« ein Blütenbesucher? Zweifellos gilt dies für den Falter, für die Raupe aber nicht, sie frisst Blätter. Bei blütenbesuchenden Insekten unterscheidet sich die Ernährung zwischen Larve und Imago durchgängig, und das ist keine Überraschung. Es sind die flugfähigen Imagines, die Blüten besuchen, nicht die Larvenstadien – Flugfähigkeit ist die Voraussetzung dafür, von Blüte zu Blüte zu gelangen. Eine Raupe wäre lange unterwegs, wenn sie »zu Fuß« eine Blüte nach der anderen erreichen müsste, dem Falter gelingt dies fliegend problemlos. Dieser einfache Gedanke gilt auch für Käfer, Bienen oder Fliegen.

Gerade bei blütenbesuchenden Insekten findet im Lauf der Metamorphose ein Wechsel der Ernährung und damit des Lebensraums statt, wie die Fallbeispiele zeigen. Die Raupen von Tagpfauenauge, Distelfalter und Schwalbenschwanz fressen Blätter. Bei der Gemeinen Feldschwebfliege lebt die Larve räuberisch, bevorzugt von Blattläusen. Bei der Hornissen-Schwebfliege lebt die Larve als Kommensale in Hautflüglernestern. Die Larve des Pinselkäfers ist ein Engerling, der sich von Totholz ernährt. Vollends unübersichtlich ist die Ernährungsstrategie des Dunklen Ameisenbläulings, der als Falter von Nektar lebt, als Raupe zunächst als Pflanzenfresser, dann als räuberischer Parasit in einem Ameisenstaat. Insgesamt zeigen die Larvenstadien der blütenbesuchenden Insekten eine kaum überschaubare Vielfalt an Lebensweisen. Es wäre also zu kurz gegriffen, die Wechselbeziehung zwischen blütenbesuchenden Insekten und Pflanzen auf den Blütenbesuch zu beschränken. Eine einfache Zuordnung von Insektenart und ihrer Ernährung stößt gerade bei blütenbesuchenden Arten schnell an Grenzen.

Auch bei den blütenbesuchenden Imaginalstadien gibt es ganz unterschiedliche spezifische Anforderungen. Es gibt die hochselektiven Spezialisten, wie beispielsweise die Zaunrüben-Sandbiene, die nur an Zaunrüben Pollen sammelt. Die Dunkle Erdhummel ist weitaus flexibler, sie bevorzugt »Hummelblüten« mit einem Kelch, auf deren Grund sie mit ihren Mundwerkzeugen die Nektarien erreichen kann. Die Honigbiene ist hingegen ein unselektiver Generalist.

Räuber benötigen Beutetiere. Gottesanbeterin, Siebenpunkt-Marienkäfer, Feldsandlaufkäfer, Plattbauch und Ameisenjungfer ernähren sich als Larve und Imago räuberisch. Dabei kann nicht nur die Beute, sondern auch die Jagdstrategie sehr unterschiedlich sein. Bei der Ameisenjungfer jagt die Imago Fluginsekten, die Larve baut eine Trichterfalle. Die Larve des Plattbauchs lebt im Wasser und frisst bevorzugt Kaulquappen, die Imago fängt Beute im Flug.

Genügt es, die Nahrungsansprüche zu betrachten, so komplex sie auch seien, wenn man die Lebensraumansprüche der vorgestellten Arten analysiert? Es zeigt sich, dass Insekten viel mehr benötigen.

Dazu zählen Mikrohabitate, d. h. kleinräumige Lebensräume, die bei Insekten wegen ihrer geringen Körpergröße weitaus bedeutsamer sind als bei den großwüchsigen Wirbeltieren. Das kann ein verlassener Kaninchenbau für das Überwintern des Tagpfauenauges sein, ein Spalt unter der Rinde für Marienkäfer. Ein Mäuseloch kann einen ganzen Hummelstaat beheimaten. Unter einem Stück morscher Rinde kann Platz für die Überwinterung sein, oder auch ein gutes Versteck während einer Schlechtwetterperiode. Bei kühlem Wetter sind die wechselwarmen Insekten kaum beweglich und können kaum vor warmblütigen Räubern wie Vögeln oder Spitzmäusen fliehen. Wer jemals eine Kohlmeise dabei beobachtet hat, wie sie akribisch unter jedem Blatt und in jedem Spalt nach Beute sucht, weiß, wie überlebenswichtig ein gutes Versteck für ein Insekt sein kann!

Die physikalischen Eigenschaften von Substraten in den Lebensräumen spielen eine weitere wichtige Rolle, wie sich gut an verschiedenen bodenbewohnenden Insekten zeigen lässt. Der Ameisenlöwe benötigt lockeren Sand, um seine Trichterfalle bauen zu können. Er legt zusätzlich Wert darauf, dass sein Fangtrichter vor Niederschlag geschützt ist. Wildbienen oder Larven des Sandlaufkäfers benötigen stabilen, beispielsweise verdichteten Boden, in dem ihre selbstgegrabenen Gänge genügend Stabilität haben.

Wandernde Arten benötigen Korridore und Trittsteinbiotope in der Landschaft, wie etwa blütenreiche Flächen bei Distelfalter oder Tagpfauenauge. Die räumliche Nähe von Blüten als Sammelbiotop und Brutbiotop bei Wildbienen wird durch die landschaftliche Vielfalt bestimmt. Ob es einen Uferbereich für den jagenden Plattbauch gibt, hängt davon ab, ob überhaupt Kleingewässer vorhanden sind.

Demnach erstrecken sich die Lebensraumansprüche der Insekten vom kleinräumigen Mikrohabitat bis zur großräumigen Landschaft. Die landschaftliche Vielfalt kann als die übergeordnete Klammer gesehen werden, unter der die enorme Vielfalt der Lebensraumansprüche der Insekten zusammengefasst werden kann. Dies führt uns wieder zu Eh da-Flächen und den Möglichkeiten, zu dieser Vielfalt beizutragen.

Lebensräume für Insekten in Eh da-Flächen

Welche charakteristischen Lebensräume für Insekten finden sich auf Eh da-Flächen? In diesem Kapitel werden die typischen Lebensräume vorgestellt. Ein Aspekt ist dabei wesentlich: Die präsentierten Lebensräume sind keineswegs auf Eh da-Flächen beschränkt. Sie finden sich auch auf Landwirtschafts- und Industriebracheflächen, in Naturschutzgebieten, Gärten oder anderen Flächenkategorien. Eh da-Flächen kommt aber wegen ihres großen Flächenanteils, ihrem Beitrag zur Konnektivität von Lebensräumen in der Landschaft und ihrem Potenzial zur ökologischen Gestaltung eine besondere Rolle zu.

Ein wesentlicher Aspekt ist, dass es nicht immer um Maßnahmen zur ökologischen Verbesserung des aktuellen Zustands einer Fläche geht, sondern auch um den Erhalt eines bestehenden Zustands. Auf Eh da-Flächen finden sich immer wieder Biotope und Lebensräume, die für Insekten wichtig sind. Das kann der schütter bewachsene Abschnitt einer Böschung sein, der von Gestrüpp bedeckte Zwickel zwischen Äckern, oder ein Steinhaufen, der nicht weggeräumt wurde. Es gilt dann, die Öffentlichkeit zu sensibilisieren, dass diese oft unscheinbaren Flächen erhaltenswert sind.

Straßen- und Gebäudebau führen dazu, dass tiefe Bodenschichten an die Erdoberfläche umgelagert werden, wodurch potenziell Rohbodenbiotope entstehen können.

Rohbodenbiotope

Rohbodenbiotope sind, wie der Name sagt, vegetationsfrei oder durch einen hohen Anteil von vegetationsfreier Fläche gekennzeichnet. Der »rohe Boden« ist deshalb der Sonnenstrahlung und dem Niederschlag weitgehend ausgesetzt. Rohbodenbiotope können horizontal, schräg oder vertikal ausgerichtet sein. Der Bodentyp ist regional und lokal unterschiedlich, was für Insekten sehr wichtig ist.

Man kann davon ausgehen, dass Rohbodenbiotope in der ursprünglichen Landschaft Deutschlands weit verbreitet waren. In den großen Stromtälern kam es regelmäßig zu Überschwemmungen, die den Oberboden mit der Humusschicht abspülten, und schnell fließendes Wasser schuf Prallhänge mit senkrechten und schrägen Rohbodenanteilen. Der Wind trug zusätzlich dazu bei und ließ Dünen entstehen, die heute oft von Vegetation überwachsen sind. Mit der Begradigung der Flüsse ging diese landschaftsgestaltende Dynamik verloren. Es ist geradezu als Glücksfall zu bezeichnen, dass diverse menschliche landschaftsgestaltende Aktivitäten hier »Ersatzbiotope« schufen: Es gibt Sand- und Kiesgruben, Hohlwege, Böschungen, Halden in der Umgebung von Bergbau, und Sanierungsflächen nach dessen Stilllegung. Und nicht zu vergessen: Beim Bau von Verkehrswegen oder Gebäuden kommt es immer wieder zu großflächigen Erdbewegungen, die tiefe Bodenschichten an die Erdoberfläche verlagern.

Wo finden sich Rohbodenbiotope auf Eh da-Flächen? Sie sind häufig an Straßenböschungen gelegen, sie finden sich an Brücken, in den Resten ehemaliger Hohlwege, bei großräumigen Erdbewegungen zum Straßen- oder Gebäudebau, in Industriegebieten, aber auch in Städten am Rand von Parkplätzen oder direkt neben dem Discounter in der Nähe. Viele

Am Rand eines Parkplatzes ist ein vertikales Rohbodenbiotop entstanden.

Neben der Straße liegt ein horizontales Rohbodenbiotop, das nur schütter mit Pflanzen bewachsen ist. Derartige Flächen können den Lebensraum für eine arten- und individuenreiche Insektengesellschaft bieten: Unter jedem der kleinen hellen Erdhäufchen hat eine Wildbiene ein Loch gegraben.

Erstvegetation auf einem Rohbodenbiotop: Auf einem Kiesboden hat sich eine kleine Pflanzengemeinschaft angesiedelt.

sind klein und unauffällig – ein Stück eines vielbegangenen Weges kann zu dieser Kategorie zählen, ein Areal auf einem Kinderspielplatz oder der Erdaushub bei einer Baustelle. Rohbodenbiotope sind so gut wie immer »per Zufall« entstanden, d. h. sie wurden und werden nicht gezielt angelegt, um biologische Vielfalt zu fördern, und wie interessant ihre Lebendgemeinschaften auch sind – der Öffentlichkeit sind sie und ihre Bedeutung in aller Regel völlig unbekannt.

Böden aus tiefen Bodenschichten spielen bei Rohbodenbiotopen eine besondere Rolle. Diese Böden enthalten oft keinen oder kaum Humus und sind auch weniger mit stickstoffhaltigen Nährstoffen durch Eintrag aus der Luft oder der Landwirtschaft angereichert als Oberböden (in Deutschland liegt, grob gemittelt, allein der jährliche atmosphärische Stickstoffeintrag bei 20–40 Kilogramm pro Hektar, zusätzlich zum direkten Eintrag auf Landwirtschaftsflächen). Auch die »Samenbank des Bodens« fehlt in tiefen Bodenschichten: Oberflächenböden enthalten üblicherweise Samenvorräte, die von der vorhandenen Vegetation oder bereits erloschenen Pflanzengesellschaften stammen und die auskeimen können, sobald sie von der Sonne beschienen werden. Über 20 Jahre sind die Samen vieler Pflanzen keimfähig, und Tausende keimfähiger Samen (sogenannte »Diasporen«) können pro Quadratmeter in dem oberflächennahen Boden vorhanden sein. Samen können außerdem von der vorhandenen Vegetation eingetragen werden, es gibt viele flugfähige Samen, was schnell zum Bewuchs freier Flächen führt. Auch ohne menschliches Dazutun verschwinden viele Rohbodenbiotope zusehends aus der Landschaft.

Der Bodentyp eines Rohbodenbiotops bestimmt in hohem Maße, welche Insekten sich ansiedeln. Viele Wildbienenarten bevorzugen beispielsweise Lössböden oder auch durch Begehung oder Befahren verdichtete Böden, wo sie ihre Brutröhren anlegen können. Andere Insektenarten leben auf Böden mit lockerem Sand, wie ihn beispielsweise der Ameisenlöwe benötigt, um seine Trichterfallen zu bauen. Ein weiterer wesentlicher Faktor ist die Sonneneinstrahlung – Insekten tanken gerne Sonnenlicht, um ihren Körper aufzuwärmen, deshalb werden sonnenexponierte Flächen oft bevorzugt.

Rohbodenbiotope haben einen großen Vorteil, was die Beobachtung von Insekten betrifft: Es gibt keine dichte Vegetation, die den Blick verstellt, und mit etwas Glück und Geduld gibt es viel zu entdecken. Diese Lebensräume laden dazu ein, stehen zu bleiben und die Insektenwelt zu betrachten.

Etwa ein Drittel der ca. 560 heimischen Wildbienenarten besiedelt Rohbodenbiotope – so zum Beispiel die Weiden-Sandbiene (*Andrena vaga*), eine der oligolektischen Wildbienenarten, die den Pollen von Weiden sammelt und individuenreiche Kolonien anlegen kann. Von März bis Mai kann man die etwa honigbienengroßen Tiere beobachten. Dabei muss man keine Angst haben, gestochen zu werden, weil sie nicht aggressiv sind. Die Bienen müssen ihre Nester schützen, die aus bis zu 60 Zentimeter langen in den Boden gegrabenen Röhren bestehen, die sich am Ende verzweigen und an deren Ende mehrere Zellen angelegt werden. Jede Zelle enthält einen Pollenvorrat, der

Eine Weiden-Sandbiene (Andrena vaga) trägt Pollen auf einer Rohbodenfläche ein. Sie fliegt an, landet auf dem sandigen Boden, sieht sich kurz um und beginnt umgehend zu graben. Sie hat sich gemerkt, wo sie ihre Brutröhre angelegt hat, die sie zum Schutz vor Räubern und Parasiten vorsorglich verschlossen hat, bevor sie zum Pollensammeln ausflog. Nach wenigen Sekunden ist die Biene im Boden verschwunden, wo sie sich ihrer Pollentracht entledigt, bevor sie zum nächsten Sammelflug startet.

Ein räuberischer Laufkäfer (Familie Carabidae) inspiziert die Brutröhre einer Weiden-Sandbiene (Andrena vaga). Die Sandbiene ist aber »zu Hause geblieben« und vertreibt den Eindringling.

Wespenbiene an altem Bienenloch. Wespenbienen (Gattung Nomada) sind (wie die bekannten Papierwespen) schwarz-gelb gezeichnet, gehören aber in systematischer Hinsicht zu den Bienen. Sie dringen in die Bauten anderen Wildbienen ein und belegen deren Zellen mit einem Ei. Die schlüpfenden Larven fressen sowohl den Pollen wie auch Eier bzw. Larven der Wirtsbienen.

mit einem Ei belegt ist. Es gibt eine Vielzahl von Räubern und Parasiten, wie Laufkäfer oder Wollschweber, die sich für die nährstoffreichen Eier interessieren. Erstaunlich viele Wildbienenarten sammeln nicht selbst Pollen von Blüten, sondern leben parasitär von den Pollenvorräten anderer Wildbienen und sind ständig auf der Suche nach deren Bruthöhlen.

Auch andere Insekten parasitieren bei Wildbienen, vor allem Vertreter verschiedener Fliegenfamilien, zu denen die Wollschweber (Familie Bombyliidae) gehören. Sie sind im Frühjahr häufig an Blüten zu sehen. Mit ihren rüsselartig verlängerten Mundwerkzeugen sehen sie gefährlich aus, sie sind es aber keineswegs – jedenfalls nicht für Menschen, sehr wohl aber für Wildbienen, von deren Pollenvorräten ihre Larven leben.

Verschiedene Arten der großen, schlanken Grabwespen, zu denen die Sandwespen gehören, sind regelmäßig auf Sandböden zu beobachten. Sie selbst ernähren sich an Blüten und fangen Raupen für ihre Brut. Die Beute wird jedoch nicht getötet, sondern durch einen Stich gelähmt und dann zum extra gegrabenen Nest geschleppt. Dieses besteht aus einer Röhre im Boden, die bereits vor der Jagd angelegt wurde.

Ein Wollschweber (Familie Bombyliidae) saugt Nektar an einer Blüte (links). Viele Arten parasitieren an Wildbienen. Hier fliegt ein Weibchen von Bombylus discolor ein Wildbienennest an, um ein Ei abzulegen (Mitte). Nachdem die Larve sich von Pollen und Brut der Wildbiene ernährt hat, verpuppt sie sich im Boden. Im Folgejahr gräbt sich die Puppe mit dornenförmigen Fortsätzen aus der Erde und die Fliege schlüpft. Die leeren Puppenhüllen sind häufig bei Bienenkolonien zu sehen (rechts).

Die Blauflüglige Ödlandschrecke besiedelt trockenwarme Flächen mit sehr spärlicher oder fehlender Vegetation, auf denen sie wegen ihrer Tarnfarbe kaum zu sehen ist. Sie ernährt sich von Pflanzen. Nähert sich ein Mensch, verlässt sie sich zunächst auf ihre Tarnung, fliegt dann aber auf und zeigt beim Flug ihre typischen blauen mit einem dunklen Band gezeichneten Hinterflügel.

Mit den hier genannten Beispielen ist die Insektenfauna der Rohbodenbiotope keineswegs vollständig. Es gibt zahlreiche weitere Parasiten von Wildbienen, zu denen verschiedene Fliegenfamilien wie die Dickkopffliegen (Familie Conopidae) und Käfer wie der bunte »Bienenwolf« (Gattung *Trichodes*) zählen. Viele Arten von Sandwespen, die beide zu den Hautflüglern gehören, siedeln auf Rohbodenbiotopen. Der Sandohrwurm (*Labidura riparia*) ist ein seltener Bewohner von Feinsand, z. B. in Dünen. Es gibt auf Rohbodenbiotopen weitere typische Heuschreckenarten wie die Langfühler-Dornschrecke (*Tetrix tenuicornis*), die Blauflüglige Sandschrecke (*Sphingontus caerulans*) und die Rotflüglige Schnarrschrecke (*Psophus stridulus*). Zu den Laufkäfern (Familie Carabidae) gehört der räuberische, sandbodenbewohnende Kopfkäfer (*Broscus cephalotes*). Der mistkäfergroße, beim Männchen an den nach

Ein Sandwespenweibchen (Ammophila sabulosa) schleppt eine gelähmte, typischerweise unbehaarte Raupe zum Nest. Oft sind die Beutetiere größer als die Sandwespen und müssen mehrere Meter weit transportiert werden.

Die Blauflüglige Ödlandschrecke (Oedipoda caerulescens) ist gut getarnt. Sie sucht außerdem gezielt solche Flächen auf, die ihrer individuellen Färbung am besten entsprechen.

vorn gerichteten Dornen auf dem Halsschild erkennbare Stierkäfer (*Typhaeus typhaeus*) besiedelt ebenfalls Sandböden. Außerdem erwähnt werden soll hier ein »Doppelgänger« des Ameisenlöwen, der Wurmlöwe. Dabei handelt es sich um eine Fliege (Familie Vermilionidae), deren wurmförmige Larven ebenfalls Fangtrichter in lockerem Sand bauen.

Viele Rohbodenbiotope sind temporäre Lebensräume, sie verschwinden mit der Zeit, oft schon innerhalb weniger Jahre. Das geschieht oft aufgrund von wirtschaftlicher Nutzung. Ursache dafür ist aber auch häufig die rasche Besiedlung durch Pflanzen wie Birke, Brennnessel oder Brombeere. Diese Erstbesiedler unter den Pflanzenarten werden als »Pionierarten« bezeichnet, die darauf einsetzende zeitliche Aufeinanderfolge von Lebensgemeinschaften als »Sukzession«. Auch Regen und Frost führen dazu, dass vor allem horizontale Rohbodenbiotope verschwinden. Wer in seiner Umgebung mit wachem Blick die Entwicklung von Rohbodenbiotopen über mehrere Jahre beobachtet, wird feststellen, dass sie oft nach kurzer Zeit nicht mehr zu sehen sind. In aller Regel gilt deshalb: Wer Rohbodenbiotope dauerhaft erhalten will, muss aktiv eingreifen, um die natürlich ablaufende Sukzession zu verhindern oder zumindest zu verlangsamen. Das kann durch kleinräumige Maßnahmen geschehen, es kann aber auch nötig sein, technisches Gerät einzusetzen und großräumige Erdbewegungen durchzuführen.

Brombeerranken wachsen über eine sonnenbeschienene vertikale Rohbodenfläche, in der Wildbienen nisten (links). Weil damit zu rechnen war, dass dieser Lebensraum verschwindet, wurden die Ranken abgeschnitten (rechts).

Eine erodierende vertikale Lössbodenwand, am Fuß hat sich bereits eine Halde aus lockerer Erde gebildet (links). Viele Bienen legen hier keine Brutröhren an. Die Erde kann behutsam abgetragen werden, um den ursprünglichen Lebensraum zu erhalten (rechts).

Die Pflege oder Neuanlage von Rohbodenbiotopen ist keineswegs auf allen Eh da-Flächen sinnvoll. Eine Begrenzung besteht darin, dass sie der Erosion durch Wasser und Wind ausgesetzt sind. Vor allem an Dämmen oder Böschungen an Verkehrswegen bedarf der Boden aber des Schutzes durch eine stabile Pflanzenschicht, um zu vermeiden, dass das Erdreich durch Niederschläge abgeschwemmt wird. Auch wenn gerade diese Flächen auf den ersten Blick Lebensräume für sonnenliebende Insekten bieten mögen: Hier ist oft kein Platz für vegetationsfreie Bereiche.

Biotopholz

Altholz und Totholz sind üblicherweise Themen, die mit Forst und Wald zu tun haben. Eh da-Flächen sind definitionsgemäß Flächen der offenen Landschaft, aber sie können dennoch einen wesentlichen Beitrag dazu leisten, alt- und totholzbewohnende Insekten zu fördern.

Der Begriff »Biotopholz« umfasst totes, geschädigtes oder absterbendes Holz. Holzbewohnende Insekten werden als »xylobiont« bezeichnet, es sind vor allem Käfer, aber auch Hautflügler und Zweiflügler, die hauptsächlich als Larven Holzbewohner sind. Diese Larven sind keine attraktiven Insekten, sie sind nicht buntgeflügelt oder formenreich, vielmehr sind sie im weitesten Sinn »wurmförmig« und keinesfalls aufgrund ihres Aussehens Sympathieträger. Meistens ist es ein Zufall, dass eine holzbewohnende Insektenlarve gesehen wird – ein Baum ist umgestürzt, in gespaltenem Holz taucht unerwartet eine Larve auf, sie kann sich auch unter einem Stück morscher Rinde befinden. Biotopholz liefert xylobionten Insekten zwei wichtige Ressourcen: Struktur und Nahrung. »Struktur« bietet das Holz, weil Gänge gefressen werden können, mitunter auch komplexe, oft miteinander verbundene Hohlraumsysteme, in denen viele Insekten leben. Viele heimische Wildbienen besiedeln beispielsweise Totholz, sie bauen aber selbst

Die großen Körper holzbewohnender Pilze sind als »Baumschwämme« an der Oberfläche von Baumstämmen zu sehen, ihre Myzelien sind im Holz verborgen. Zunderschwamm (links) oder Spaltblättling (Mitte) verursachen Weißfäule. Ein Pilzmyzel (rechts) breitet sich unter der Rinde eines abgestorbenen Baumes aus.

Wenn Holz die verschiedenen Phasen der Zersetzung durchläuft, nimmt es unterschiedliche Farben an. Weißfäule, Braunfäule oder Rotfäule werden durch unterschiedliche Mikroben hervorgerufen, die das Holz durchwachsen, es abbauen und die Nahrungsgrundlage vieler Insektenlarven sind.

keine Röhren, vielmehr sind sie Nutznießer der Fraßtätigkeit anderer Insektenlarven, etwa der von Bockkäfern oder Holzwespen, deren verlassene Gangsysteme sie als Brutröhren verwenden. Das Holz dient auch als »Nahrung«. Hier hat Holz aber einen entscheidenden Nachteil: Es ist für den tierischen Verdauungstrakt üblicherweise schlecht verwertbar. Hauptbestandteile von Holz sind die sehr stabilen Makromoleküle Zellulose, Hemizellulose und Lignin, die in ihrer Gesamtheit die beeindruckende Stabilität von Holz ausmachen. Insekten haben die unterschiedlichsten Strategien entwickelt, um sich von diesen schwer verdaulichen Substanzen dennoch zu ernähren. Manche besitzen eigene Enzymsysteme, um Holz abzubauen. Eine andere weitverbreitete Strategie besteht darin, Mikroben zu nutzen, die Holz als Nahrungssubstrat verwenden. Käferlarven können in einem gesonderten Bereich ihres Darms Bakterien kultivieren, die von dem aufgenommenen Holz leben, diese Bakterien werden dann verdaut.

Viele xylobionte Insekten ernähren sich nicht von Holz, sondern von den Pilzmyzelien, die das Holz durchziehen. Holz ist somit das Substrat für die Pilze, von denen die Insekten leben. Insekten können sogar aktiv in die Entwicklung der Pilzflora eingreifen. Auf den ins Holz gelegten Eiern bestimmter Holzwespen sind Pilzsporen angeheftet, die vom Muttertier auf die Eier übertragen werden und die mit ihnen ins Holz gelangen. Es ist sogar bekannt, dass fliegende Insekten Pilzsporen über große Distanzen verbreiten können. Totes und im Abbau befindliches Holz enthält also eine komplexe Lebensgemeinschaft, die vor allem aus Bakterien, Pilzen und Insektenlarven besteht, welche in vielfältiger Wechselwirkung miteinander leben.

Diese Vielfalt ist verrottendem Holz von außen nicht anzusehen. Dabei ist etwa ein Viertel der heimischen Käferarten auf Totholz angewiesen! Diese artenreiche Lebensgemeinschaft ändert sich während des Abbaus des Holzkörpers. Allein der Sachverhalt, dass es verrottet, zeigt, dass hier Mikroben tätig sind. Begriffe wie »Braunfäule«, »Weißfäule« oder »Rotfäule« weisen darauf hin, dass beim Holzabbau verschiedene Stufen durchlaufen werden, die durch unterschiedliche Farben gekennzeichnet sind, welche wiederum von unterschiedlichen Mikroorganismen hervorgerufen werden. Der Abbau von Totholz beginnt mit dem frischen Holz und führt schließlich bis zum Zerfall zu Humus. In dieser Sukzession werden die verschiedenen Zerfallsstadien des Holzes von unterschiedlichen Insekten besiedelt, manche leben beispielsweise von rotfaulem, andere von weißfaulem Holz, viele leben in Mulm, einer bröseligen Substanz im Inneren von Baumhöhlen, bei der Holz schon in einem weit fortgeschrittenen Abbauzustand ist.

Biotopholz ist in der Kulturlandschaft Mangelware. Bedenkt man, dass die nicht vom Menschen geformte, ursprüngliche Landschaft Deutschlands größtenteils von Wald bedeckt war, wo alte Bäume umfielen und die unterschiedlichen Abbaustadien des Holzes in Menge vorhanden waren, ist es keine Überraschung, dass die Lebensgemeinschaft der Alt- und Totholzbewohner einst einen gedeckten Tisch vorfand und sich artenreich entwickelt hat. Das hat sich ins Gegenteil verkehrt. Alte Bäume mit Biotopholzanteil, beispielsweise abgestorbenes Holz mit mulmgefüllten Hohlräumen im Inneren, sind selten geworden. Oft findet sich ein derartiger Methusalem nicht im Wald, sondern in einem Park oder einem Friedhof. Sie sind ein wichtiger Beitrag zum Erhalt biologischer Vielfalt. Eh da-Flächen bieten in vielerlei Hinsicht Platz für Totholz:

- Abgestorbene Äste können erhalten bleiben. Alte Bäume auf Eh da-Flächen müssen nicht immer, wie im Siedlungsbereich, aus Sicherheitsgründen saniert werden – außerhalb von Ortschaften und in Distanz zu Verkehrswegen können sie Teil des Baumes bleiben. Das entspricht der Sukzession eines alternden Baumes, und an diese haben sich viele Insekten angepasst.

Ein Apfelbaum in der offenen Landschaft. Abgestorbene Äste an Obstbäumen können erhalten bleiben.

Eine alte, hohle Pappel wurde aus Sicherheitsgründen gefällt. Der Hohlraum ist mit Mulm gefüllt, ein Lebensraum, der von vielen Insekten besiedelt wird. Für die Ruine des Baums ist Platz am Waldrand.

Zwei Baumstümpfe am Straßenrand: Beim linken ist der Holzkörper noch komplett, beim rechten ist die zerfallende Rinde abgebröckelt, Pilzkörper dringen durch die Oberfläche, und das Holz ist bereits teilweise zu Mulm zerfallen.

Um einen abgelegten, zerfallenden Baumstamm entsteht ein kleiner Lebensraum. Der Baumstamm sieht intakt aus, nur einige Schlupflöcher von Insekten sind von außen zu sehen. Im Inneren ist das Holz durchzogen von Fraßgängen von Bockkäferlarven. Die Larven sind hell gefärbt, haben eine dunkle Kopfkapsel und kräftige, braunschwarze Mandibeln.

- Ein alter, morscher Baum muss, beispielsweise im Ortsinnenbereich, aus Gründen der Verkehrssicherheit gefällt werden. Was soll mit dem Stamm gemacht werden, der innen hohl und von Insekten zerfressen ist? Auf Eh da-Flächen kann Platz sein, um ihn abzulagern und dadurch vielen Insektenlarven zu ermöglichen, ihre Entwicklung abzuschließen.

- Wenn ein Baum gefällt wird, kann ein oberirdischer Baumstumpf erhalten bleiben. Er ist mit den ebenfalls zerfallenden Wurzeln im Boden verbunden, Mikroben können ihn besiedeln, und in der Folge auch Insekten.

- Baumstämme können abgelegt werden. Der Zerfall eines Baumstamms dauert viele Jahre, und ein Baumstamm in der offenen Landschaft ist sowohl Nahrung für Insekten wie auch ein Strukturelement. Unter ihm verbergen sich auch beispielsweise bodenoberflächenbewohnende Laufkäfer (Familie Carabidae) oder Kurzflügelkäfer (Familie Staphylinidae). Neben

Der Weidenglasflügler (Synanthedon formicaeformis) gehört zur Schmetterlingsfamilie der Glasflügler, bei denen die Flügel teilweise keine Schuppen tragen und damit durchsichtig erscheinen. Die Raupen leben unter der Rinde alter oder verletzter Bäume, z. B. Weiden. Der Falter wird 25 Millimeter lang und ist regelmäßig auf verschiedenen Blüten zu finden, hier der Himbeere.

Die auffällige Färbung des Gefleckten Schmalbocks (Leptura maculata) erinnert an wehrhafte Wespen und lässt sich als Mimikry interpretieren, die Käfer vor Räubern wie Vögeln schützt. Die Käfer finden sich in den Sommermonaten an Blüten, wo sie Nektar und Pollen fressen. Die Larven bohren tiefe Gänge, bevorzugt in altes und morsches Laubholz.

Die Blaue Holzbiene (Xylocopa violacea) kann mit ihren kräftigen Mandibeln ca. 10 Zentimeter tiefe Gänge in Holz beißen. Darin legt sie hintereinander Zellen an, die durch mit Speichel vermengtem Holz separiert sind und in denen je eine Larve pro Zelle heranwächst.

dem Baumstamm wird nicht gemäht, es wachsen verschiedene Pflanzen, ein eigener kleiner Lebensraum kann entstehen.

Viele Insekten, die uns tagsüber auf Blüten oder in der Vegetation begegnen, sind xylobiont. Ihnen ist nicht anzusehen, dass ihre Larven sich im Dunkel eines alten Baumes entwickelt haben.

Die große, auffällige Blaue Holzbiene (die größte in Deutschland heimische Wildbiene) kommt in Deutschland in Wärmegebieten vor. Sie frisst Löcher in Totholz, bevorzugt in sonnenbeschienene morsche Stämme, und zieht darin ihre Brut auf.

Die Große Holzbiene ist insofern eine Ausnahme unter den holzbewohnenden Wildbienen, als sie selbst Gänge ins Holz beißt. Viele Wildbienenarten nutzen Gangsysteme, die andere Insekten, vor allem Käfer und Holzwespen, im Holz hinterlassen haben und von denen die Bienen als »Folgesiedler« profitieren.

Die Riesen-Holzwespe (Urocerus gigas) ist ein auffälliges, bis zu 4 Zentimeter langes Insekt. Das Weibchen legt Eier mit einem Legebohrer in vorgeschädigte Stämme von verschiedenen Nadelhölzern, auch von Eschen und Pappeln. Es trägt Sporen des Tannen-Schichtpilzes Amylostereum chailletii in einem speziellen Organ im Körper, einem Mycetangium. Die Sporen werden mit den Eiern ins Holz übertragen, die Larven nutzen die sich entwickelnde Pilze als Nahrung.

Die beeindruckend große Holzwespen-Schlupfwespe (Rhyssa persuasoria) wird bis zu 3,5 Zentimeter lang und ist auf Holzwespenlarven als Wirtsorganismen spezialisiert. Da die Holzwespenlarve tief im Holz verborgen lebt, steht das Schlupfwespenweibchen vor dem Problem, das Wirtstier zu finden. Im ersten Schritt erkennt sie den mit der Holzwespenlarve assoziierten Tannen-Schichtpilz am Geruch. Das Holz wird nun mit Antennen und dem langen Legebohrer gründlich betastet, bis die richtige Stelle gefunden ist. Der Legebohrer wird ins Holz versenkt und ein Ei in die Larve des Wirtstieres gelegt. Die Schlupfwespenlarve frisst die Holzwespenlarve auf und verpuppt sich schließlich in deren Fraßgang, wo sie auch überwintert.

Im Holz leben nicht nur Insekten, die sich von Holz oder Mikroben ernähren. Auch Räuber und Parasiten spielen in den Lebensgemeinschaften des Biotopholzes eine wesentliche Rolle.

Käfer stellen die artenreichste Gruppe der biotopholzbewohnenden Insekten dar. In Mitteleuropa durchlaufen etwa 1700 Arten ihren Entwicklungszylus ganz oder teilweise – meist als Eier, Larven und Puppen – im Holz. Bockkäfer (Familie Cerambycidae) und Hirschkäfer (Familie Lucanidae) sind die bekanntesten Familien, aber auch die kleinwüchsigen Nagekäfer (Familie Anobiidae) gehören dazu. Zu diesen zählt auch die »Totenuhr« (*Xestobium rufovillosum*), die sich in verbautem Holz oder alten Möbeln entwickeln kann und durch ihre Klopfgeräusche auffällt, mit denen die Männchen die Weibchen anlocken. Viele Prachtkäfer (Familie Buprestidae) leben als Larven in Biotopholz, auch Rosenkäfer (Familie Cetoniidae), deren Engerlinge sich in Mulm entwickeln können. Unter verschiedenen Fliegenfamilien gibt es Holzbewohner, zu nennen wären Raubfliegen (Familie Asiliidae), Schnaken (Familie Tipulidae) und Schwebfliegen (Familie Syrphidae). Auch Schmetterlingsraupen besiedeln Biotopholz, beispielsweise Vertreter der Holzbohrer (Familie Cossiidae) und der Glasflügler (Familie Sesiidae). Unter den Ameisen wäre die Vierpunktameise (*Dolichoderus quadripunctatus*) als eine typische biotopholzbewohnende Art zu nennen.

Steinstrukturen

In vielen Gebieten Deutschlands, in denen Gestein unter der Bodenoberfläche liegt, gehören Lesesteinhaufen oder Trockenmauern zur historisch gewachsenen Kulturlandschaft. Lesesteinhaufen sind entstanden, weil Steine an den Feldrand geworfen wurden, die bei der Landwirtschaft gestört haben. Steinmauern bilden Abgrenzungen zwischen Feldern, Trockenmauern spielen nach wie vor in Weinbaugebieten in Hanglagen eine funktionale Rolle zur Stabilisierung von Landschaftsterrassen. Gabionen sind mit Steinen gefüllte Drahtkörbe. Diese Steinstrukturen haben gemeinsam, dass sie Insekten sonnenexponierte Flächen bieten, verbunden mit einem Lückensystem, das sich ins Innere zieht. Die Steine bilden im unteren Bereich eine Kontaktzone mit dem Boden.

Lesesteinhaufen sind meist wenig auffällig. Oft wird um sie herum nicht gemäht und es entwickelt sich eine weitgehend ungestörte Vegetation.

Diese Steinstrukturen bilden wichtige Lebensräume für verschiedenste Wirbeltiere, wobei vor allem Eidechsen und Vögel zu nennen sind. Was können diese Strukturen für Insekten bedeuten? Typische Bewohner sind Feldwespen (Unterfamilie Polistinae), die ihre einjährigen, aus feingebissenem. zu papierartigem Material vearbeiteten Holz gebauten und schräg nach unten hängenden Nester gern in den regengeschützten Hohlräumen unter Steinen anlegen.

Steinstrukturen sind außerordentlich wichtig für Reptilien, beispielsweise für Eidechsen. Wer sie aufmerksam betrachtet, wird aber auch viele Insekten entdecken. Unter überhängenden Steinen können sich die Stürzpuppen von Tagfaltern finden. Schmetterlinge und andere flugfähige Insekten nutzen sonnenbeschienene Steinflächen gerne zum Aufwärmen. Man muss immer bedenken, dass Sonnenbaden nicht, wie bei Menschen, ein schöner Luxus ist, sondern für Fluginsekten dazu beiträgt, die Körpertemperatur zu heben und somit den energieaufwändigen Flug zu ermöglichen!

Im Lückensystem zwischen Steinen legen Hummeln und andere Wildbienen ihre Nester an, und es finden sich die Puppenkokons diverser Nachtfalter unter Steinen. Nicht zu vergessen ist, dass Steine auf dem Boden aufliegen und unter ihnen meist ein verzweigtes Lückensystem zu finden ist. Dieser Grenzbereich zwischen Gestein und Boden ist für viele Insekten wichtig. Hier haben vielleicht Feldmäuse Gänge gegraben oder ein Nest angelegt, Gangsysteme von Regenwürmern durchziehen den Boden. Viele Insekten, die dämmerungs- oder nachtaktiv sind, halten sich hier tagsüber auf.

Trockenmauern werden aus Natursteinen ohne Verwendung von Mörtel gebaut. Im Mittelmeergebiet sind sie in vielen Regionen charakteristische Landschaftselemente. Weil Trockenmauern attraktiv aussehen können, werden sie auch gern mit regional vorkommenden Natursteinen an Straßen und Wegen verwendet.

Ein Steinwall aus regional vorkommenden Natursteinen ist ein Beitrag zur landschaftlichen Vielfalt und gleichzeitig Heimat vieler Tierarten.

Gabionen werden oft verwendet, um steile Hänge oder Böschungen zu stabilisieren. Viele sind rein technische Gebilde, aber das muss nicht so sein. Es können bereits bei der Planung Insekten berücksichtigt werden, indem beispielsweise Bereiche für Blühpflanzen integriert werden.

Felsenspringer (Ordnung Archaeognatha) sind flügellose Insekten (links). Sie ernähren sich von Flechten und Moosen und sind dementsprechend auf bewachsenen Flächen zu finden. Sie können ausgezeichnet springen. Dazu biegen sie ihren Körper, strecken ihn plötzlich und schnellen so durch die Luft. Feldwespen (Unterfamilie Polistinae) sind, wie alle Vertreter der Papierwespen (Familie Vespidae), wehrhafte Insekten (rechts). Die Bauten der Feldwespen sind im Vergleich etwa zu denen der im Siedlungsbereich häufigen Deutschen Wespe klein. Die gestielten Waben liegen bei Feldwespen offen und sind nicht von einer Hülle umgeben. Das Nest wird im Frühjahr in der Regel von einem Weibchen gegründet, später können sich mehrere Schwestern die Betreuung der Brut teilen. Sind mehrere Weibchen an der Staatsgründung beteiligt, frisst das stärkste Weibchen die Brut der schwächeren Geschwister, die dann nur noch als Arbeiterinnen fungieren. Als Nahrung dienen den Feldwespen erbeutete Insekten und Nektar. Die Völker sind einjährig, begattete Weibchen überwintern und gründen im nächsten Jahr eine neue Kolonie.

Stehende Kleingewässer

Der Schutz von Gewässern und ihren Uferbereichen ist Aufgabe des Naturschutzes und in verschiedenen Gesetzen geregelt (u. a. Europäische Wasserrahmenrichtlinie, Wasserhaushaltsgesetz, Wassergesetz). Das betrifft vor allem Fließgewässer und größere stehende Gewässer. Hier stellt sich natürlich die Frage, welche zusätzlichen Maßnahmen es auf den üblicherweise kleinstrukturierten Eh da-Flächen und mit dem Fokus auf kommunale Entscheidungsträger gibt. Bei genauem Hinsehen finden sich erhebliche Handlungsspielräume.

Es gibt eine Kategorie von Gewässern, deren Verschwinden unauffällig und scheinbar auch unaufhaltsam ist: In den letzten vier Jahrzehnten sind ca. 85 Prozent der Tümpel in Deutschland verschwunden. Die umfangreiche Gesetzgebung hat den Rückgang dieser Kleingewässer nicht aufgehalten. Tümpel sind stehende Gewässer, die meist flach sind und ein Wasservolumen von wenigen Kubikmetern haben, sie können im Sommer trockenfallen. Von diesem Lebensraumtyp ist es ein fließender Übergang zum Typ »Pfütze« – temporären Kleinstgewässern, die ebenso flach sind und üblicherweise nach kurzer Zeit wieder verschwinden. Sie können Wagenspuren auf einem Feldweg sein, sie könnenaberiner wegbegleitenden Fläche oder in einem Zwickel neben Äckern erscheinen. Der Sättigungsgrad des Wassers mit Sauerstoff ist bei diesen beiden Klein- und Kleinstgewässern oft niedrig (unter 50 Prozent), weil Bakterien, die Pflanzenmaterial abbauen, dem Wasser Sauerstoff entziehen. Die Ursachen für den Verlust dieser Gewässertypen sind auf verschiedene Faktoren zurückzuführen. Manche wurden in der Vergangenheit zugeschüttet, viele verschwanden, nachdem der Grundwasserspiegel bei mehrjähriger Trockenheit niedriger wurde. Etliche verlandeten, weil

Der Rest eines ehemaligen Tümpels. Innerhalb von drei Jahrzehnten sind Bäume gewachsen, der Grundwasserspiegel sank und der Wasserkörper wurde von Schlamm und Ästen verdrängt. Ein derartiges Bild ist vielerorts zu finden.

Eine Vertiefung zwischen Feldern weist auf ein ehemaliges Oberflächengewässer hin. Es ist eine kleine Insel biologischer Vielfalt, aber das Gewässer ist verschwunden.

Potenzial für ein Oberflächengewässer neben einer Verkehrstrasse. Beim Straßenbau wird Wasser abgeleitet. Hier sollte geprüft werden, ob es im Einklang mit den straßenbaulichen Maßnahmen möglich ist, ein dauerhaftes Gewässer anzulegen.

Hier wurde neben einer Straße ein Oberflächengewässer mit einem reich strukturierten Uferbereich, diverser Bepflanzung und einer Böschung aus Kiesboden angelegt.

Herbstlaub und andere Pflanzenreste im Wasser verrottet sind und Schlamm zurückgelassen haben, der mit der Zeit den Wasserkörper verdrängt hat. Eine in Bezug auf die Wasserführung andere Gewässerkategorie stellt der Teich da, der künstlich angelegt ist und ganzjährig Wasser führt. Ein See ist größer und so tief, dass sich in ihm eine Wasserschichtung bildet. Teiche, Tümpel, Pfützen – das sind Gewässertypen, die auf Eh da-Flächen Platz haben. Sie werden von verschiedenen Lebensgemeinschaften besiedelt, und zwar der Wasserkörper ebenso wie der Uferbereich.

»Wo war früher einmal ein Tümpel?« Wenn man diese Frage in einer Kommune stellt, haben viele ältere Mitbürger schnell eine Antwort: »Klar, dort hinten, wo jetzt Brombeeren, Gebüsch und etwas Schilf wachsen, dort quakten früher Frösche und flirrten Libellen in der Luft!« Da werden auch manche Kindheitserinnerungen wach. Die Kinder von damals sitzen jetzt als Erwachsene vielleicht im Gemeinderat, und wenn man den Rückgang der Kleingewässer in der Landschaft anspricht, können genau diese Erinnerungen dazu beitragen, den Blick darauf zu lenken, wie die Flächen jetzt aussehen und ob es nicht mit sehr begrenzten Mitteln möglich ist, einen neuen Tümpel entstehen zu lassen. In der Regel ist das technische Gerät dazu vorhanden, und üblicherweise unterstützen Naturschutzorganisationen und Behörden derartige Initiativen. Bei einer Eh da-Initiative in einer Kommune sollte die Frage »Wo war denn früher einmal ein Tümpel?« auf jeden Fall gestellt werden.

Ein Grundproblem von Kleingewässern in der Kulturlandschaft besteht darin, dass sie heutzutage in aller Regel keine Funktion mehr haben und deshalb wenig Interesse an ihrem Erhalt besteht. Offene Viehtränken werden nicht mehr benötigt, und an die »Flachsrösten« – Teiche, in die in historischen Zeiten Flachsbündel gelegt wurden, um die Fasern durch bakteriellen Abbau des umgebenden Pflanzenmaterials herauszulösen – erinnern heute nur noch viele Straßennamen.

Auch wenn offene Viehtränken und Flachsröstteiche in funktionaler Hinsicht der Vergangenheit angehören gibt es andere in Gebrauch befindliche und für die moderne Gesellschaft unverzichtbare Oberflächengewässer: Hier sind Kläranlagen, Regenrückhaltebecken und Versickerungsbecken zu nennen. Kläranlagen dienen der Abwasserreinigung, die in mehreren Stufen erfolgt. Regenrückhaltebecken halten nach starken Niederschlägen Wasser zurück und vermeiden somit Überschwemmungsereignisse. Versickerungsbecken sind zentrale Anlagen, in die Regenwasser auf Flächen mit wasserdurchlässigem Untergrund zur Versickerung eingeleitet wird. Die Zahl dieser Anlagen in Deutschland ist hoch: Die Abwasserwirtschaft betreibt knapp 10 000 Abwasserbehandlungsanlagen, die Zahl der Regenrückhaltebecken lag 2002 bei etwa 24 000. Diese Gewässer sind in vielen Fällen bereits nach ökologischen Kriterien gestaltet, in der Bilanz ergibt sich aber noch ein gewaltiges Potenzial zur Förderung von Oberflächengewässern und deren Uferbereichen. Bei Entscheidungen zu diesen technisch-funktional begründeten Gewässertypen spielen Kommunen eine große Rolle, weshalb diese Wasseranlagen bei Eh da-Initiativen genannt werden müssen. Es gibt inzwischen viele Projekte, die zeigen, dass kein Widerspruch darin besteht, eine ökologische Aufwertung der Gewässer anzustreben und gleichzeitig die wichtige Aufgabe in der kommunalen Wasserwirtschaft zu gewährleisten. Dies entspricht dem Grundkonzept der Eh da-Initiative, vorhandene Flächenpotenziale zur ökologischen Aufwertung zu nutzen. Es kann sich sogar ein Vorteil für die Kommunen ergeben: Wenn ökologische Kriterien bei Anlagen berücksichtigt werden, kann dies gemäß der gesetzlichen Vorgaben als Ausgleichsmaßnahme berücksichtigt werden.

Ein nach technischen Kriterien gestaltetes Rückhaltebecken. Solch ein mit Betonbauweise errichtetes Rückhaltebecken bietet keinen Raum für einen bewachsenen und strukturierten Uferbereich.

Platz für Insektenvielfalt bietet ein üppig bewachsener Uferbereich: Ein Speicherbecken mit dichter Ufervegetation ist, wie geplant, nach einem Starkregen mit Wasser vollgelaufen.

Die Gemeine Heidelibelle (Sympetrum vulgatum) hat eine Flügelspannweite von über 6 Zentimetern. Sie lebt wie alle Libellen räuberisch und gehört zu den Großlibellen, die sich durch einen reißenden Flug auszeichnen. Die Larven entwickeln sich in Kleingewässern, das geschlechtsreife Tier schlüpft nach einem Jahr. Bei der Paarung (rechts) hält das Männchen das Weibchen hinter dem Kopf fest, das Weibchen biegt das Abdomen nach vorne und nimmt das Sperma auf.

Die Vielfalt der Insekten, die stehende Kleingewässer besiedeln, ist gewaltig. Das hängt damit zusammen, dass diese Gewässer sehr unterschiedliche Eigenschaften aufweisen können, wie pH-Wert, Tiefe, Dauer der Wasserführung, Sauerstoffgehalt sowie Belastung des Wassers mit Nährstoffen und natürlichen oder synthetischen Toxinen. Viele gewässerbewohnende Insekten sind auf ausgewählte Beutetiere als Nahrung angewiesen, andere auf spezielle

Die »Mistbiene« (Eristalis tenax) ist keine Biene, sondern eine Schwebfliege. Sie durchläuft zwei bis drei Generationen pro Jahr und ist ein Wanderinsekt, das aus dem Mittelmeergebiet zeitig im Jahr zufliegen kann und dessen Nachkommen im Herbst zurückwandern. Ihre Larve wird als »Rattenschwanzlarve« bezeichnet. Am Grund stark verschmutzter sauerstoffarmer Klein- und Kleinstgewässer lebend, hat sie einen schnorchelartigen Fortsatz (den »Rattenschwanz«), der an die Wasseroberfläche zum Atmen ausgestreckt werden kann.

Der Gelbrandkäfer (Dytiscus marginalis) erreicht eine Länge von über 3 Zentimetern. Er gehört zur Familie der Schwimmkäfer (Dytiscidae), die mit ihren zu Schwimmbeinen umgebildeten Hinterbeinen ausgezeichnete Schwimmer sind. Der Gelbrandkäfer und seine Larve ernähren sich bevorzugt von Kaulquappen. Er kann wie andere Schwimmkäfer auch gut fliegen. Rechts ist ein Furchenschwimmer (Acilius sulcatus) abgebildet, der gerade zum Abflug das Wasser verlässt.

Pflanzen. Libellen, Eintagsfliegen, Köcherfliegen, viele Käfer, Wanzen, Mücken und Fliegen leben und vermehren sich im oder auf dem Wasser oder in der direkten Umgebung. Oft sind die Larven die eigentlichen Wasserbewohner, die flugfähigen Imagines können sich über die Landschaft verbreiten und neue Gewässer besiedeln. Der Ästhetik eines der bekanntesten Beispiele, den der Großlibellen, kann man sich kaum entziehen, aber es gibt zahllose weitere

Die Wasseroberfläche wird von verschiedenen Wanzenarten besiedelt. Ein dichter Haarfilz auf der Unterseite verhindert, dass der Körper mit Wasser benetzt wird. Der Gemeine Wasserläufer (Gerris lacustris) kann sich flink im Offenwasserbereich von Kleingewässern bewegen (links). Der stabförmige Teichwasserläufer (Hydrometra stagnorum) hält sich bevorzugt im Uferbereich auf, er kann auch an Land gehen (rechts). Beide Arten leben räuberisch von kleinen Insekten, die auf die Wasseroberfläche fallen.

Insekten, die bei näherem Hinsehen nicht weniger interessant sind, was ihr Aussehen und ihre Lebensweise betrifft.

Diese Beispiele sind nur einige wenige Vertreter aus der Vielfalt der Insekten, die an Kleingewässer gebunden sind. Im Uferbereich jagen schillernde, zierliche Langbeinfliegen (Familie Dolichopodidae) ihre Beute. Die kleinen, gut getarnten Springwanzen (Familie Saldidae) können mit einem Flugsprung die Flucht ergreifen. Diverse Käferarten leben am Gewässerrand. Taumelkäfer (Familie Gyrinidae) können wie Quecksilbertropfen über die Wasseroberfläche flitzen. Nahe der Wasseroberfläche leben sehr eindrucksvoll aussehende Wanzen, wie Wasserskorpion (*Nepa cinerea*) oder Stabwanze (*Ranatra linearis*), die beide Schnorchelatmung durch einer Verlängerung des Abdomens betreiben. Unter Wasser können die ebenfalls zu den Wanzen gehörenden »Wasserzikaden« (Familie Corixidae) bei ihrer Balz auch für den Menschen wahrnehmbare Gesänge erzeugen. Im Wasser leben Eintagsfliegenlarven (Ordnung Ephemeroptera), Köcherfliegenlarven (Ordnung Trichoptera), und – das sollte man nicht vergessen – auch die Larven von Stechmücken (Familie Culicidae). Sogar Schmetterlingsraupen gibt es hier, die Larven des Wasserlinsenzünslers (*Cataclysta lemnata*) ernähren sich dort von Wasserlinsen. Die Welt dieser kleinen oder unauffälligen Insekten erschließt sich erst, wenn man sich Zeit lässt und einen Tümpel in Ruhe betrachtet.

Kleingewässer in der Kulturlandschaft bedürfen der aktiven Pflege, sonst verschwinden sie in der Regel »von selbst«. Hier ist fachliche Beratung wichtig, die zuständige Kommune hat meist die nötigen Kontakte zu den Experten, Naturschutzverbänden, Behörden und Institutionen vor Ort und in der Region. Im Vorfeld vieler Maßnahmen ist Kommunikation in der Gemeinde sinnvoll, denn ein Graben für ein Kleingewässer, der mit einem Bagger ausgehoben werden muss, sieht zunächst nicht schön aus und wird oft von der Bürgerschaft kritisch betrachtet. Der Schutz von Kleingewässern dient oft in erster Linie den Amphibien, aber auch Insekten können von diesen Maßnahmen profitieren. Bei Lebensräumen in technischen Gewässeranlagen – Kläranlagen, Regenrückhaltebecken und Versickerungsbecken – ist wichtig, dass ein Pflegeplan erstellt wird. In ihm muss mit hohem Detailgrad festgelegt werden, welche Maßnahmen während eines Zeitraums von mehreren Jahren durchzuführen sind.

Dauerhafte und auch vorübergehende Tümpel wie dieser sind selten geworden in unserer Landschaft. Als Oase für viele Tiere und Insekten sind sie aber unersetzbar.

Vielfältige und strukturreiche Vegetation

Die Begrifflichkeit »vielfältige und strukturreiche Vegetation« ist wenig präzise. Sie betrifft im Zusammenhang der Eh da-Flächen Gemeinschaften von Pflanzen, bei denen verschiedene Arten auf engem Raum wachsen. Das können Wiesen sein, Pflanzen am Wegrand, Gebüsche, Hecken oder Feldgehölze. Die Pflanzen dieser Lebensräume können sich ohne direktes menschliches Dazutun ansiedeln, sie können aber auch angepflanzt oder ausgesät werden. Welche Arten und Pflanzengemeinschaften es sind, ist von Region zu Region unterschiedlich. Auch flächenspezifisch sind die Pflanzengemeinschaften sehr variabel und beispielsweise vom Bodentyp oder der Sonnenexposition abhängig. Bei »vielfältiger und strukturreicher Vegetation« stehen nicht Blüten im Vordergrund, sondern der vegetative Teil der Pflanzen, also Blätter, Stiele, krautige und verholzte Elemente. Bei diesen Lebensräumen dominiert die Farbe Grün, sie unterscheiden sich aber im Kontext der Eh da-Initiative durch ihren Artenreichtum von landwirtschaftlich genutztem Wirtschaftsgrünland, ebenso wie von kommunalen Grünflächen, die durch Mehrfachmahd, meist auch Düngung geprägt sind und auf denen sich eine artenarme Gräsergemeinschaft entwickelt hat.

Auch wenn die Begrifflichkeit »vielfältige und strukturreiche Vegetation« also recht ungenau definiert ist, muss sie als Lebensraum genannt werden, weil dieser für eine Vielzahl von Insektenarten unverzichtbar ist. Es ist die Welt der Raupen, Heuschrecken, vieler Wanzen, Zikaden, Blattläuse und auch räuberischer und parasitärer Insekten.

Saumbiotop Wegrand: Zwischen Weg und hochgewachsener Hecke mit einem abgestorbenen Baum wächst ein Streifen artenreicher Vegetation. In diesem kombinierten Lebensraum bilden unterschiedliche Pflanzen Höhenhorizonte, die von verschiedenen Insekten genutzt werden.

Zwischen Wegrand und dem umgebrochenen Acker ist ein Teil der Vegetation nicht gemäht. In diesem Ackerrandstreifen ist zwar nicht mit vielen Insekten zu rechnen, aber einige Arten finden hier einen Lebensraum, wie beispielsweise brennnesselfressende Schmetterlingsraupen.

Ein ungemähter Zwickel in der Agrarlandschaft, auf dem die Vegetation ungehindert wachsen darf.

Für zahllose holometabole Insekten – Schmetterlinge, Blattwespen, viele Käfer und Fliegen – ist die grüne Vegetation die Heimat der Larvenstadien. Wer Schmetterlinge mag, muss bedenken: Jeder bunte Schmetterling war einmal eine Raupe!

Ein »Saumbiotop« ist von vielfältiger Vegetation geprägt. Es ist ein Bereich des Übergangs, hier stoßen zwei Vegetationstypen zusammen, üblicherweise ein hoch- und ein niedrigwüchsiger, und es entsteht eine Struktur in der Landschaft, die von vielen Insekten genutzt wird. Saumbiotope haben eine langgestreckte Form und finden sich regelmäßig auf Eh da-Flächen.

In der Agrarlandschaft ist artenreiche Vegetation nicht auf langgestreckte Strukturen beschränkt. Zwickel zwischen Feldern oder Verkehrsinseln bei Autobahnauffahrten bieten Raum für Pflanzenvielfalt, die sich nicht nur auf krautige Pflanzen beschränkt, sondern auch Feldgehölze umfasst.

Artenreiche Vegetation wird von Insekten bewohnt, die grünes Pflanzenmaterial fressen. Dazu können sie entweder mit ihren Mandibeln Pflanzen zerkleinern oder ihren Saugrüssel in das Pflanzengewebe versenken. Mandibeln finden sich bei Raupen und anderen Insekten mit beißenden Mundwerkzeugen, wie Käfern und Heuschrecken. Saugende Mundwerkzeuge, also Saugrüssel, finden sich bei Wanzen, Zikaden und Blattläusen.

Wer Insekten beobachten will, die in der grünen Vegetation leben, benötigt Geduld und einen scharfen Blick, denn sie sind üblicherweise schlecht zu sehen. Die meisten haben einen triftigen Grund dafür: Larvenstadien, etwa die Raupen von Schmetterlingen, sind meist nicht wehrhaft, nicht flugfähig, haben keinen harten Panzer, und flink flüchten können sie auch nicht. Sie müssen also auf andere Abwehrmechanis-

Autobahnauffahrten schaffen weitgehend abgeschlossene, von Verkehrswegen umschlossene Inseln. Es wachsen oft Feldgehölze, und sowohl ein gemähter als auch ein ungemähter Bereich können vorhanden sein.

Rechts: Mandibel einer Schmetterlingsraupe (Familie Noctuidae), eines typischen Pflanzenfressers. Mandibeln dienen zum Zerkleinern von Nahrung. Sie sind oft mit scharfen Zähnen ausgestattet, bestehen aus robustem Chitin und sind an zwei Gelenken mit der Kopfkapsel verbunden. Kräftige Muskeln ziehen sie zusammen, schwächere wieder auseinander, sodass schnelle Kaubewegungen durchgeführt werden können. Links: Die Spitze des Saugrüssels einer Wanze (Familie Pentatomidae), eines typischen Pflanzensaugers. Der Saugrüssel wird vom Insekt ins Pflanzengewebe versenkt. An der Rüsselspitze liegen Sinnesorgane auf borstenartigen Fortsätzen, mit denen die Insekten prüfen, wo der Einstich sein soll. Ziel des im Gewebe versenkten Rüssels sind die Leitbahnen der Pflanzen, in denen die Saftströme fließen. Üblicherweise hat der Rüssel zwei Kanäle: einen für die Aufnahme flüssiger Pflanzensäfte, einen anderen für die Zufuhr von Speichel. Im Speichel sind Inhaltsstoffe, oft auch Viren, enthalten, die Wirtspflanzen schädigen können.

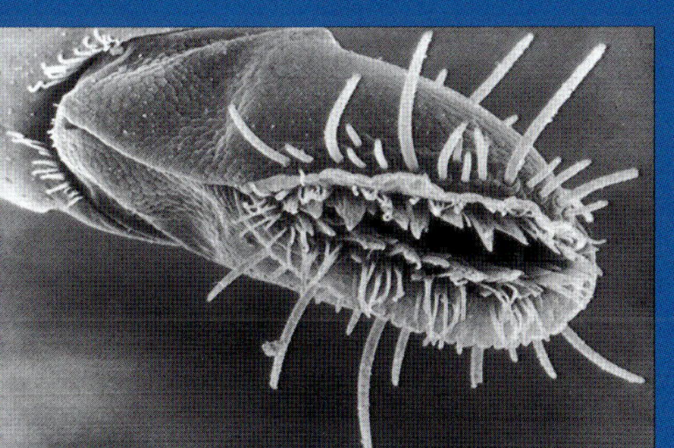

Wer einen Grünen Schildkäfer (Cassida viridis) finden will, muss genau hinsehen, denn er ist zwar häufig, aber ausgezeichnet getarnt. Der Käfer ist bis zu 10 Millimeter lang, hat einen abgeflachten Körper und ist bis auf Beine und Fühler grasgrün gefärbt (links). Er gehört zur artenreichen Käferfamilie der Blattkäfer, die, wie der Name sagt, Blätter fressen. Als Nahrung dienen dem Grünen Schildkäfer wie auch seiner Larve bevorzugt die Blätter von Lippenblütlern. Auch die Larven sind gut getarnt, verwenden aber einen anderen Mechanismus: Sie befestigen ihre Exkremente auf der Körperoberseite und sind so kaum von einem Schmutzklümpchen zu unterscheiden (rechts). Schildkäfer leben da, wo auch ihre Wirtspflanzen zu finden sind: in mit Kräutern durchwachsenen Wiesen.

Der Große Gabelschwanz (Cerura vinula) ist ein hell-dunkel gefärbter Nachtfalter. Auffälliger gefärbt als der Schmetterling ist seine Raupe, die eine Länge von ca. 8 Zentimetern erreicht und als namensgebendes Merkmal den »Gabelschwanz« hat. Am Körperende hat sie zwei dunkle Verlängerungen, aus denen bei Gefahr rote Fäden ausgestülpt werden (links). Das erste Brustsegment ist um den Kopf herum rot gefärbt. Die auffällige Körperfärbung ist »somatolytisch«: In der Vegetation sind die Raupen trotz ihrer beachtlichen Größe nur schwer zu finden. Die Raupen fressen gern an jungen, niedrigen Pappeln und Weiden (rechts).

Die Blutzikade (Cercopis vulnerata) wird ca. 1 Zentimeter lang und ist auffällig schwarz und rot gezeichnet. Bei ihr ist nachgewiesen, dass die Hämolymphe (ihre Körperflüssigkeit) Substanzen enthält, die Räuber, wie etwa Vögel, abwehren. Diese Substanzen werden beim »Reflexbluten« freigesetzt: Bei Bedrohung wird im Bereich der vordersten Beinglieder ein Tröpfchen Körperflüssigkeit ausgeschieden. Die Larven der Blutzikade leben unterirdisch oder im Bodenstreu. Die erwachsenen Zikaden saugen an den unterschiedlichsten Gräsern und Kräutern in sonnenbeschienenen Wiesen.

Die attraktive Streifenwanze (Graphosoma italicum) ist bis zu 12 Millimeter lang. Wegen ihrer auffälligen schwarz-roten Streifenmusterung ist sie mit keiner anderen heimischen Wanzenart zu verwechseln. Auch diese bunte Färbung ist als Warntracht zu interpretieren. Reptilien, die den gleichen Lebensraum besiedeln und als Räuber in Betracht kommen, verschmähen die Wanzen. Die ausgewachsenen Tiere und die Larven saugen an reifenden Samen von verschiedenen Doldenblütlern, bevorzugt an solchen Pflanzen, die nahe an Gehölzen wachsen.

men vertrauen, und einer davon ist, gut getarnt zu sein. Viele pflanzenfressende Insekten sind grün oder, zumindest für ihre normale Umgebung, unauffällig gefärbt.

Manche Farbe, die bei der Vergrößerung sehr auffällig erscheint, ist es, wenn das Insekt sich im Spiel von Licht, Schatten und unterschiedlichen Braun- und Grüntönen zwischen Pflanzen aufhält, nicht. Der Körperumriss verschwimmt dann mit der Umgebung. Derartige Farbmuster werden als »somatolytisch«, also körperauflösend, bezeichnet.

Allerdings gibt es auch immer wieder auffällig bunte Arten. In der Regel handelt es sich dabei um eine Warntracht, weil die Insekten für Räuber schlecht schmecken oder sogar giftig sind.

Ein anderer verbreiteter Schutzmechanismus ist, nicht auf der Pflanze, sondern in ihrem Inneren zu leben. Eine Gruppe von Insekten, die diese Taktik anwendet, wird »Minierer« genannt (eine Mine ist ein Fraßgang im Inneren eines Blattes). Das Insekt lebt zwischen den Epithelien von Blattober- und Blattunterseite. Dort ist es gut geschützt und kann sich von dem Pflanzengewebe ernähren. Eine speziellere Anpassung stellen »Gallen« dar: Dabei wird durch vom Insekt abgegebene Substanzen (u. a. Phytohormone) die Pflanze zu Wachstum angeregt; es entstehen komplexe, innen hohle Strukturen, in denen die Insekten geschützt sind und Nahrung im Überfluss haben. Schaumzikadenlarven haben einen anderen Schutzmechinanismus, sie können aus dem aufgenommenen überschüssigen Pflanzensaft eine aus luftgefüllten Blasen bestehende Struktur anlegen, in der sie vor Austrocknung ebenso wie vor Feinden geschützt sind.

Verborgene Lebensweisen: Minierer, Schaumproduzenten und Gallenbildner. Die Larven der Minierfliegen (Familie Agromyzidae) hinterlassen typisch mäandernde Fraßspuren an Blättern. Am Ende des Ganges liegt eine Öffnung, durch die eine Larve ins Freie kam und sich verpuppt hat (links). Schaumzikaden (Familie Aphrophoridae) sind unscheinbar braun gefärbt, ihre Larven saugen am Xylem ihrer Wirtspflanzen und können aus dieser Flüssigkeit eine schaumartige Substanz (»Kuckucksspeichel«) herstellen, in der sie verborgen und geschützt sind (Mitte). Manche Blattlausarten (Aphidoida) können mit Inhaltsstoffen ihres Speichels das Wachstum von Gallen induzieren. Im Inneren können sie ein geschütztes Leben führen. Hier lebt ein Weibchen der Spiralgallen-Blattlaus (Pemphigus spirothecae) mit seinen Nachkommen im Inneren einer Galle (rechts).

Der Gemeine Grashüpfer (Chorthippus parallelus) erreicht eine Körperlänge von bis zu 22 Millimetern. Er hat, wie bei Heuschrecken üblich, zu Sprungbeinen verlängerte Hinterbeine. Als Kurzfühlerschrecke ist er an relativ kurzen Fühlern zu erkennen. Er ernährt sich von verschiedenen Gräsern und besiedelt grasreiche Lebensräume. Die Männchen locken ihre Weibchen mit Gesang an. Das sirrende Geräusch wird erzeugt, indem eine kammartige Struktur an den Hinterbeinen über eine Kante an den Vorderflügeln bewegt wird. Pro Sekunde werden etwa 5 Silben erzeugt. Hier hat ein Männchen (links) ein Weibchen angelockt.

Unter den pflanzenfressenden Insekten finden sich sowohl »Generalisten« wie auch »Spezialisten«. Generalisten sind wenig spezifisch in ihren Nahrungsbedürfnissen und können sich von verschiedenen Pflanzenarten ernähren, während Spezialisten auf eine oder wenige Pflanzenarten angewiesen sind.

Räuber und Parasiten finden sich in der Vegetation, wo auch ihre Beute- und Wirtstiere leben.

Was ist zum Erhalt dieses Lebensraumtyps zu sagen? Wesentlich ist, dass artenreiche grüne Vegetation überhaupt als schützenswert wahrgenommen wird, was keineswegs selbstverständlich ist. Mit nicht blühender Vegetation bewachsene Flächen sehen nicht immer attraktiv aus. Das Distelgebüsch oder die Brennnesseln am Weg werden in

Die Zwitscherschrecke (Tettigonia cantans) ist mit einer Körperlänge von bis zu 35 Millimetern eine der größten heimischen Heuschreckenarten. Sie gehört zu den Langfühlerschrecken, die durch lange Antennen und einen Legebohrer im weiblichen Geschlecht gekennzeichnet sind. Ihr lauter namensgebender Gesang kann über 50 Meter weit gehört werden. Der Gesang wird erzeugt, indem die Flügel etwas in die Höhe gestellt und Schrillkante und Schrillleiste übereinander gestrichen werden. Die Abbildung zeigt ein Männchen, das gerade musiziert. Zwitscherschrecken leben meist räuberisch, nehmen aber auch pflanzliche Nahrung auf. Sie leben in strukturreicher Vegetation mit Gebüschen, bevorzugt auf feuchten Böden, wo die Eier abgelegt werden.

der Regel nicht als »schön« empfunden. Das haben diese Lebensräume z. B. mit Rohbodenbiotopen oder mit Biotopholz gemeinsam. Dies ist ein Gegensatz zu Blühflächen, die durch ihre Ästhetik üblicherweise schnell öffentliche Zustimmung erhalten. Es wäre wichtig, dass auch grüne Vegetationsflächen eine Lobby bekommen.

Eine Besonderheit vieler Dämme, Böschungen und anderer verkehrswegbegleitender Flächen, die mit artenreicher Vegetation bewachsen sind, ist ihre Entstehungsgeschichte. Oft wurden bei ihrer Erstellung aus tieferen Bodenschichten Kies oder Sand an die Erdoberfläche umgelagert. Diese Böden sind nährstoffarm und können dazu führen, dass artenreiche Pflanzengesellschaften entstehen. Diese sind somit nicht das Ergebnis einer oft jahrhundertealten nährstoffentziehenden landwirtschaftlichen Nutzung, die heute

Der schöne Scheckhorn-Distelbock (Agapanthia villosoviridescens) wird über 20 Millimeter lang und hat die für die Familie der Bockkäfer charakteristischen langen Antennen. Seine Larve entwickelt sich im Inneren von Disteln, aber auch in Brennnesseln oder verschiedenen Doldenblütlern, in denen sie auch verpuppt überwintert. Wenn man einen Käfer behutsam in die Hand nimmt, kann er durch Bewegung des ersten Brustsegments ein schnarrendes Abwehrgeräusch erzeugen.

vielerorts selten geworden ist, vielmehr sind sie entstanden als Nebenprodukt einer modernen Landnutzungsform. Diese Pflanzengesellschaften können Trocken- oder Halbtrockenrasen sein oder diesen nahestehen. Sie entstehen oft durch Selbstbegrünung, etwa durch Samen, die durch den Wind eingeweht werden.

Bäume und Sträucher bilden Feldgehölze und Hecken, die wichtige Landschaftselemente sind. Ihre Pflege und ihr Erhalt ist Gegenstand rechtlicher Regelungen. Beispielsweise ist der gründliche Rückschnitt der Hecken (»auf den Stock setzen«) nur außerhalb der Brutzeit von Vögeln in den Monaten Oktober bis Februar erlaubt. Feldgehölze und Hecken gewinnen für Insekten an Bedeutung, wenn sie an mit Gräsern oder Kräutern bewachsene Flächen anschließen. Das kann ein Streifen einer Wiese sein, die nur sporadisch gemäht wird, oder ein Feldrain, auf dem Brennnesseln oder andere Pflanzen wachsen. Sie werden somit zu Elementen von Saumbiotopen, die Übergangsbereiche zwischen verschiedenen Lebensräumen sind. Sie

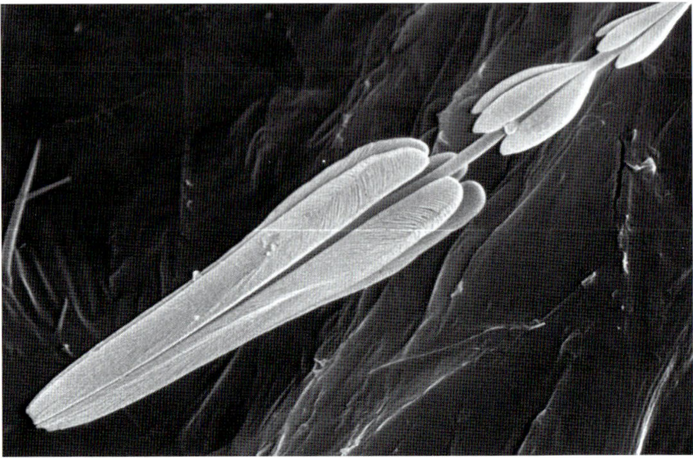

Die Raupe des Schlehenspinners (Orgyia antiqua) erreicht eine Körperlänge von etwa 30 Millimetern. Ihr Körper ist bunt und bedeckt von farbigen Haarbüscheln (links). Manche Haare sind Brennhaare, mit denen die Raupen Feinde abwehren. Die Spitzen dieser Haare können in die Körperoberfläche eindringen (eine vergrößerte Haarspitze ist rechts abgebildet). Die langen Haare haben aber auch eine andere Funktion. Wer eine bunte Schlehenspinnerraupe auf einer Balkonpflanze findet, mag sich wundern, wie sie wohl dahin gekommen sein mag. Hier haben die Haare eine Rolle gespielt. Sie sind bei den jungen Räupchen überproportional lang und führen dazu, dass die Raupen mit dem Wind verweht werden können und so auch an entfernte Lebensräume gelangen. Die Geschlechter der Falter sehen völlig unterschiedlich aus: Die Männchen haben braune Flügel, sind geschickte Flieger und tagsüber bei der Suche nach Weibchen zu beobachten. Die Weibchen sind flügellos, bleiben nach dem Schlüpfen neben ihrem Kokon sitzen und locken die Männchen mit einem Duftstoff an. Schlehenspinnerraupen sind unselektiv in ihren Nahrungsansprüchen, sie finden sich im Gebüsch, an Schlehen oder anderen Sträuchern, wie auch an verschiedenen krautigen Pflanzen.

bieten sonnenbeschienene Flächen, Versteckmöglichkeiten und auch Nahrung. Hier können sich die für Insekten so bedeutsamen »kombinierten Lebensräume« auf engstem Raum finden.

Mahd ist bei Wiesen, Wegrändern, Dämmen und Böschungen unverzichtbar. Damit wird vermieden, dass die Flächen verbuschen, die Verkehrssicherungspflicht wird berücksichtigt. Lokale Traditionen wünschen oft ein »ordentliches« Ortsbild, und schließlich soll die Mahd auch zeit- und kostensparend sein. Es ist keine Frage, dass es hier Zielkonflikte gibt, die sich nicht immer leicht lösen lassen. Aus Sicht des Insektenschutzes lassen sich klare Prioritäten benennen. Als Regel gilt, dass Mulchen die ungünstigste Form der Mahd ist, weil die schnell drehenden Schlegel Insekten töten. Die Messerbalkentechnik erweist sich als deutlich besser, weil hier viele Insekten die Gelegenheit zur Flucht haben. Eine Mahdhöhe von mindestens 10 Zentimeter schont zusätzlich viele Ei- und Larvenstadien. Die Zahl der Mahdtermine sollte sich an den Schutzgütern vor Ort orientieren, ein Maximum von zwei Mahden pro Jahr sollte genügen. Aber, welche Mahdtechnik auch immer eingesetzt wird: Es ist zu vermeiden, dass großflächig gleichzeitig die gesamte Vegetation entfernt wird! Bei Streifenmahd oder Teilflächenmahd wird ein Teil der Fläche gemäht, ein anderer zeitlich verzögert. Beim Mahdmanagement sollte auch unbedingt eingeplant werden, dass ein Teil der Fläche für Überwinterungsstadien von Insekten ungemäht als Gestrüpp im Winter erhalten bleiben kann.

Die gemeine Florfliege (Chrysopa carnea) erreicht eine Körperlänge von bis zu 35 Millimetern und ist leicht an ihrem grazilen Körper mit den langen Antennen und den durchscheinenden, von vielen Adern durchzogenen, irisierend glänzenden Flügeln zu erkennen. Sie gehört zur Ordnung der Netzflügler. Das ausgewachsene Insekt, ebenso wie die Larve, ernährt sich räuberisch, bevorzugt von Blattläusen. Florfliegen sind nachtaktiv und können beim Flug von Fledermäusen erbeutet werden, zeigen aber ein interessantes Fluchtverhalten: Wenn eine fliegende Florfliege den Ultraschallruf einer Fledermaus hört, legt sie ihre Flügel an, lässt sich zu Boden fallen und entgeht so dem Räuber. Florfliegen finden sich üblicherweise in der Nähe von Blattlauskolonien.

Blütenvielfalt

Bunte Blüten und Insekten gehören zusammen. Farbenprächtige Blüten haben sich nicht entwickelt, um uns zu erfreuen – sie spielen die zentrale Rolle bei der Symbiose zwischen Blütenpflanzen und Insekten. Im biologischen Sinne hat ihre Farbenpracht eine klare Funktion: Blüten locken Bienen, Schmetterlinge, viele Fliegen und Käfer an, was die wichtigsten Gruppen der Bestäubergemeinschaft auf Blüten sind. Dazu kommen noch weitere Hautflügler und Vertreter anderer Ordnungen, wie beispielsweise Fransenflügler (Ordnung Thysanoptera). Die Fülle an Farben und Formen der Blüten hat für Insekten eine Botschaft: Hier gibt es Nahrung, und zwar zuckerhaltigen Nektar und proteinhaltigen Pollen. Kommt her und nutzt dies! Pollen hat somit im biologischen Sinn eine Doppelfunktion. Zum einen dient er der Fortpflanzung der Pflanzen, wozu er auf den Fruchtknoten einer anderen, artgleichen Blüte gelangen muss. Überschüssiger Pollen dient zusätzlich vielen Blütenbestäubern als Nahrung. Der Nutzen der Symbiose für Pflanzen ist ebenso eindeutig. Er besteht im gezielten Transport des Pollens von einer Blüte zur anderen. Das ist deutlich zielgerichteter als die evolutionär ältere Windbestäubung, die sich bei Gräsern oder Nadelbäumen findet. Von diesem Grundmuster der Symbiose zwischen Blüten und Insekten gibt es eine schier endlose Vielfalt an Variationen und Abweichungen.

Da Blüten in aller Regel in einigem Abstand zueinander wachsen, ist die Fähigkeit zum Fliegen Voraussetzung für eine relevante Blütenbestäubungsleistung. Larvenstadien sind nicht flugfähig und spielen deshalb als Blütenbestäuber keine Rolle. Eine Raupe, die von Blüte zu Blüte wandert, ist schlecht vorstellbar. Das kann im Gegensatz dazu der Schmetterling, der über eine Wiese gaukelt, sehr leicht.

Aber warum sind Blüten so unterschiedlich gefärbt? Auch dies lässt sich evolutionär begründen. Viele Insekten sind »blütenstet«. Das bedeutet, dass ein Individuum (nicht eine Art oder eine Population) lernt, welche Blüte zu einer bestimmten Zeit eine günstige Nahrungsquelle ist. Blütenstetigkeit basiert auf der Lernfähigkeit von Insekten! Das unterstreicht, welche intellektuellen Fähigkeiten Insekten haben, die den unseren zwar in vielerlei Hinsicht fremd sein mögen, die aber komplex und für ihre Überlebensstrategien wichtig sind. Eine blütenstete Biene fliegt beispielsweise nicht von Veilchen zu Schlüsselblume zu Gänseblümchen, sondern von Schlüsselblume zu Schlüsselblume zu Schlüsselblume. Voraussetzung dafür ist, dass die Biene die verschiedenen Blüten unterscheiden kann, und das ist nur möglich, wenn diese unterschiedlich aussehen und auch unterschiedlich riechen. Blütenstetigkeit

Ein Rosenkäfer (Cetonia aurata) sitzt in einer Margeritenblüte. Er hält sich hier lange auf, öffnet ein Pollenpaket nach dem anderen und frisst den Inhalt, wobei er mit seinen kräftigen Mandibeln einen Teil der Pollenkörner aufknackt. Er vertilgt auch die zarten Blütenblätter.

Die Hainschwebfliege (Episyrphus balteatus) wird 7–12 Millimeter lang. Der kurze Tupfrüssel erreicht leicht zugängliche Staubgefäße und Nektarien. Diese Schwebfliegenart ernährt sich außer von Pollen und Nektar auch von Honigtau, der von Blattläusen abgeschieden wird. Es ist eine Besonderheit unter den Fliegen, dass diese Art und andere Schwebfliegen mit ihren Mundwerkzeugen die harten Pollenkörner aufknacken können.

kann als eine Verfeinerung der Symbiose zwischen Blütenbestäubern und Pflanzen betrachten werden. Der Vorteil für die Pflanze liegt darin, dass kein Pollen verschwendet wird, weil artgleiche Blüten angeflogen werden. Der Vorteil für den Blütenbesucher ist, dass er lernt, wo in einer ihm bekannten Blütenart Nektar und Pollen geboten werden. So muss keine Zeit und Kraft mit der Suche nach den Nektarien und Staubgefäßen verschwendet werden, was der Fall wäre, wenn immer wieder neue Blütenarten angeflogen würden. Blütenstetigkeit ist bei der Honigbiene, bei Hummeln und Schmetterlingen nachgewiesen, man kann aber davon ausgehen, dass diese Fähigkeit bei Blütenbesuchern weit verbreitet ist.

Die unterschiedlichen Formen der Blüten stellen Anpassungen an die verschiedenen Mundwerkzeugtypen der Insekten dar. Tiefkelchige Blüten werden üblicherweise von Insekten mit langen Mundwerkzeugen wie Schmetterlingen oder verschiedenen Hummeln besucht, an der Blütenoberfläche dargebotene Nektarien oder Pollen locken auch Insekten mit Tupfrüsseln, wie beispielsweise viele Fliegen, an.

Nicht jedes blütenbesuchende Insekt ist auch ein guter Blütenbestäuber. Ein Käfer, der an einem sonnigen Nachmittag in einer Blüte sitzt und ein Pollenpaket nach dem anderen verspeist und sich abends in ein Versteck zurückzieht, trägt zur Verbreitung des Pollens wenig bei.

Das Gegenteil wäre ein Insekt, das schnell von einer Blüte zu einer anderen der gleichen Art fliegt, den am Körper haftenden Pollen gleich an der nächsten Blüte wieder abgibt, bei gutem wie schlechtem Wetter fliegt und möglichst ganztags unterwegs ist. Bienen kommen zweifellos diesem Idealtyp eines guten Bestäubers am nächsten. Aber hier gibt es durchaus noch spannende Themen zu klären – sind vielleicht manche Wildbienen die besten Bestäuber, weil sie, wie z.B. Hummeln, sehr temperaturresistent sind und auch bei niedrigen Temperaturen und früh am Tag fliegen? Ist der Pollen, den Honigbiene und Hummeln im »Höschen« (einem fest verklebten Pollenklumpen an den Hinterbeinen) tragen, nicht für die Bestäubung verloren, d.h. besteht hier nicht ein Übergang vom Pollenüberträger zum Pollenparasiten? Ist vielleicht die Bedeutung der Fliegen als Blütenbestäuber

Blumenfliegen (Familie Anthomyidae) sind eine artenreiche Familie der Fliegen, die meist unscheinbar grau gefärbt und nach äußeren Merkmalen schlecht bestimmbar sind. Sie besuchen die unterschiedlichsten Blüten, sind oft sehr zahlreich und können Pollen übertragen. Die Larven leben meist im Boden und ernähren sich von Pilzen, verrottendem Pflanzenmaterial und Wurzeln.

Der Hummelschwärmer (Hemaris fuciformis) ist ein tagaktiver Schwärmer, der eine Flügelspannweite von bis zu 48 Millimetern erreicht. Zur Nahrungsaufnahme steht er im Schwirrflug vor einer Blüte (hier beim Salbei) und versenkt seinen langen Saugrüssel in den Blütenkelch. Die Raupen ernähren sich von verschiedenen Wirtspflanzen, vor allem von der Heckenkirsche.

Schmetterlinge wie das Tagpfauenauge (Aglais io) haben einen Saugrüssel, um flüssige Nahrung aufzunehmen. Er ist in Ruhestellung spiralförmig unter dem Kopf eingerollt. Der Rüssel kann nicht nur ausgestreckt werden, sondern auch – wie bei diesem Tagpfauenauge zu sehen – abgebogen werden, um die Blütenoberfläche nach Nektar abzutasten und diesen dann aufzusaugen.

Die Große Wollbiene (Anthidium manicatum) ist eine wespenartig aussehende Wildbiene. Die Männchen erreichen eine Körperlänge von knapp 2 Zentimeter, die Weibchen bleiben kleiner. Namensgebend ist, dass sie ihre Nester mit wollartigen Substanzen auspolstern, z. B. Pflanzenhaaren. Die Männchen haben Reviere, z. B. um einen blühenden Pflanzenstock herum, die sie höchst aggressiv, auch gegen artfremde Eindringlinge, verteidigen.

Die Gehörnte Mauerbiene (Osmia cornuta) nistet in Lehm- und Lösswänden, sie nimmt aber auch künstliche Nisthilfen an, in denen sie im Frühjahr gut beobachtet werden kann. Sie sammelt gerne Pollen an Obstbäumen, wie hier an einer Apfelblüte.

unterschätzt, weil es viele Arten gibt und Fliegen keine Pollensammelapparate haben? Es stellt sich heraus, dass sich innerhalb der Gemeinschaft der Blütenbestäuber – Bienen, Schmetterlinge, Fliegen – ganz unterschiedliche Strategien zur Nutzung des Pollens als Nahrung und zur Übertragung von Blüte zu Blüte entwickelt haben. Blütenbestäubung ist deshalb die ökologische Dienstleistung der ganzen Gemeinschaft der Blütenbestäuber, nicht die einer einzelnen Art. Die Bilder auf diesen Seiten zeigen einige Beispiele aus der faszinierenden Welt der Blütenbestäuber, der Fliegen, Schmetterlinge und Bienen.

Nektarquellen in Blüten sind für Insekten nicht immer leicht erreichbar. Allerdings sind Hummeln (wie auch andere Bienen) durchaus in der Lage, auch in solchen Blüten an Nektar zu gelangen: Sie begehen »Nektarraub«. Dabei beißen sie mit ihren kräftigen Mandibeln seitlich Löcher in die Blüte und haben damit einen deutlich kürzeren Weg zur begehrten Nektarquelle. Das ist für die Hummeln von Vorteil, nicht aber für die Blüte, denn durch die Abkürzung muss die Hummel nicht Staubgefäße und Stempel der Blüte passieren und es kann nicht zur Bestäubung kom-

»Nektarraub« durch Hummeln. Der Beinwell hat eine Blüte, bei der die Nektarien tief im Inneren des Kelchs liegen. Die Wiesenhummel (Bombus pratorum) hat bereits ein wohlgefülltes Pollenhöschen, und es kostet sie Anstrengung, an die Nahrungsquelle am Grund der Blüte zu gelangen. Die Lösung: Seitlich wird ein Loch in die Blüte gebissen, so kann die Hummel den Rüssel leicht in der Blüte versenken.

Hier lauert die veränderliche Krabbenspinne (Misumena vatia) in einer Margeritenblüte. Bei dieser Art können die Weibchen ihre Körperfarbe den Weiß- oder Gelbtönen der Blütenfarbe anpassen. Auf diese Weise sind sie in der Blüte ausgezeichnet getarnt und werden von blütenbesuchenden Insekten kaum wahrgenommen – ein tödlicher Irrtum für viele Blütenbesucher! Hier wurden eine Fliege und eine Hummel von der Krabbenspinne erbeutet.

men. Damit ist das Grundprinzip der Symbiose zwischen Insekt und Blüte außer Kraft gesetzt, das darauf beruht, dass das Insekt Pollen auf die Blüte transportiert, welche als Gegenleistung Nahrung in Form von Nektar und überschüssigem Pollen liefert. Aus Sicht der Pflanze handelt es sich also bei dieser Verhaltensweise tatsächlich um einen »Raub« des Nektars.

Ein Blütenbesuch ist für ein Insekt keineswegs immer ungefährlich. Krabbenspinnen sind weit verbreitete Räuber, die meist sehr gut getarnt in Blüten sitzen und sich von blütenbesuchenden Insekten ernähren. Krabbenspinnen sind reine Lauerjäger und bauen keine Netze. Sie sind leicht an den verlängerten ersten beiden Beinpaaren zu erkennen, die ihnen ein krabbenartiges Aussehen verleihen.

Blütenbestäubung ist nicht nur eine faszinierende Symbiose zwischen Insekten und Pflanzen, sondern auch ein herausragend wichtiger Wirtschaftsfaktor. Unser Nahrungsspektrum wäre drastisch eingeschränkt, wenn es die von der Insektenbestäubung abhängige Vielfalt von Obst, Früchten und Gewürzpflanzen nicht gäbe oder wenn Ölfrüchte kein beziehungsweise weniger Öl liefern würden. Im Alltagsleben ist den wenigsten Menschen bewusst, in welch hohem Maß wir von der ökologischen Dienstleistung der Blütenbestäuber abhängig sind. Die Vielfalt der Insekten erbringt diese Leistung, ohne dass ihr ökonomischer Wert gewürdigt oder vergütet würde. Im weltweiten Maßstab gibt es Daten, die darauf hinweisen, dass zwar einerseits die Blütenbestäuber in ihrer Gesamtheit zahlenmäßig abnehmen, gleichzeitig aber die Landwirtschaft vermehrt auf Blütenbestäubung angewiesen ist. Wenn die Eh da-Initiative die Lebensräume blütenbestäubender Insekten fördert, ist dies also mehr als ein Beitrag zum Schutz attraktiver und seltener werdender Insekten und Blüten – es ist auch ein Beitrag dazu, einen Wirtschaftsfaktor der Landwirtschaft zu erhalten.

Aber Blüten und blütenbesuchende Insekten bedeuten mehr als einen ökonomischen und ökologischen Nutzen. Warum berühren uns gerade Blüten emotional so tief, und nicht etwa Gräser oder Farnpflanzen? Warum überreicht der verliebte Mann seiner Angebeteten einen Blumenstrauß und kein Kräuterbüschel? Warum ist das blaue Veilchen Symbol der Treue, und nicht der grüne Spitzwegerich? Hier stoßen funktional-evolutionäre ebenso wie ökonomische Betrachtungen an Grenzen. Man kann darüber lange nachdenken – zweifellos sind die bunten und vielgestaltigen Blüten und die dazugehörigen Bienen und Schmetterlinge auch für den modernen, urbanen Menschen ein Quell von Freude. Und so gilt unsere Sympathie nicht nur den Blüten, sondern auch den blütenbesuchenden Insekten. Blüten und blütenbesuchende Insekten zu fördern, ist deshalb auch meist der erste Gedanke, wenn die ökologische Aufwertung von Eh da-Flächen in einer Kommune geplant wird.

Der Vorschlag, Blühsaaten auszubringen, ist immer einer der ersten, die bei solchen Projekten vorgebracht werden. Aber dieser Schritt ist zu schnell. Es gilt zunächst, über die Vielfalt der Pflanzen in der heimischen Landschaft und vor Ort nachzudenken, und dann erst, zu entscheiden, was geeignete Aufwertungsmaßnahmen sind. In Deutschland gibt es circa 3000 Arten von Samenpflanzen. Welche sollen gesät, gepflanzt, durch Mahd oder andere Maßnahmen gefördert und zur Blüte gebracht werden? Die Frage ist nicht zuletzt deshalb nicht generell zu beantworten, weil die regionalen, lokalen und auch kleinräumigen Bedingungen auf den Flächen sehr unterschiedlich sind. Eh da-Flächen sind in aller Regel schmal und langgestreckt, und ökologisch relevante Bedingungen ändern sich oft innerhalb weniger Meter. Eine Eh da-Fläche kann aus einer mit nährstoffarmem Sand aufgeschütteten Böschung bestehen, wo sich direkt daneben humusreicher ehemaliger Landwirtschaftsboden befindet. Bei Eh da-Projekten sollte der erste Schritt deshalb sein, eine Planung durchzuführen, die diese kleinräumigen Gegebenheiten vor Ort erfasst und berücksichtigt. Erst im nächsten Schritt sollten dann konkrete Maßnahmen diskutiert und entschieden werden.

Heimische, lokal vorkommende, bereits vorhandene blütentragende Pflanzengesellschaften gilt es mit Priorität zu erhalten. Auf Eh da-Flächen kann sich auch ohne gezieltes menschliches Zutun Blütenvielfalt entwickeln. Diese Pflanzengesellschaften sollen keineswegs durch vielleicht gut gemeinte Maßnahmen gestört oder entfernt werden.

Warum entwickeln sich auf manchen Eh da-Flächen scheinbar »von selbst« bunte, blütenreiche Pflanzenbestände, auf anderen nicht? Dafür gibt es verschiedene Gründe, die ineinandergreifen und sich überlagern. Bodeneigenschaften wie Kalkgehalt, pH-Wert, Lichtverhältnisse, Vegetation in der Umgebung und die Vorgeschichte einer Fläche spielen eine zentrale Rolle. Gräser dominieren meist in nährstoffreichen Böden (Gräser haben zwar auch Blüten, die aber in aller Regel windbestäubt sind, nicht von Insekten). Bei den von vielen Blüten bewachsenen Eh da-Flächen handelt es sich oft um nährstoffarme Böden. Ein weiterer Faktor ist die »Samenbank des Bodens«. Der Boden kann einen ausgiebigen Vorrat an keimfähigen Samen enthalten, die von der Vegetation vergangener Jahre oder Jahrzehnte gebildet wurden, im Boden lagern und erst unter bestimmten Bedingungen keimen (vor allem, wenn der Boden umgebrochen wird und die Samen an der Oberfläche Licht ausgesetzt sind). Dieses »Gedächtnis des Bodens« in Bezug auf lokal vorkommende Pflanzenarten ist regional höchst unterschiedlich ausgeprägt. Es kann aber auch das Gegenteil der Fall sein, wenn nämlich über viele Jahre kaum Wildpflanzen für Samenzufuhr auf der Fläche vorhanden waren. Die Verbreitung von Blütenpflanzen in der umgebenden Landschaft ist ein weiterer Faktor, der die Ausbreitung heimischer Pflanzen bestimmt. Viele Samen können durch Wind transportiert werden, etwa die bekannten Pusteblumen, die Samenstände des Löwenzahns. Verschiedene Disteln, Wiesenbocksbart und andere Pflanzen vertrauen ebenfalls ihre Samen der Luft an.

Blütenreiche Vegetation auf Eh da-Flächen. Meist handelt es sich um »Ruderalvegetation«, also um Pflanzengesellschaften, die sich auf vom Menschen tiefgreifend beeinflussten Böden entwickeln. Es lassen sich unterschiedliche Kategorien von Ruderalgesellschaften unterscheiden, je nachdem, ob es sich beispielsweise um ein- oder um mehrjährige Pflanzenarten handelt, ob eine Pflanzengesellschaft sich frisch angesiedelt hat oder ob sie bereits eine mehrjährige Entwicklung durchlaufen hat. Oft entsteht Ruderalvegetation auf Flächen mit frisch ausgehobenem Boden. Diese Pflanzengesellschaften sind oft temporär, weil die Flächen in den nächsten Jahren bebaut oder anderweitig genutzt werden.

Auf vielen Eh da-Flächen im Siedlungsbereich und in der offenen Landschaft sucht man Blüten allerdings vergebens. Intensive Rasenpflege ist dort etabliert und wird großflächig angewandt. Düngen, Mulchen als empfohlene Form des Rasenschnitts (wobei das Pflanzenmaterial klein gehäckselt wird und auf der Fläche verbleibt), zusätzliche Aussaat von Grassamen, niedrige Schnitthöhe und sehr dichte Mahdintervalle sind Elemente dieser gezielten Rasenpflege. Das Ergebnis sind Flächen, auf denen sich kaum Blüten entwickeln können.

Blütenarme und gräserdominierte Eh da-Flächen. Hier wachsen entweder keine Blütenpflanzen, oder die Pflanzen sind so kurz geschnitten, dass sie keine Blüten entwickeln können.

Die Ursachen dafür, dass monotones Grün auf Eh da-Flächen vielerorts vorherrscht, liegen tiefer als auf der technischen Ebene der Rasenpflege. Oft führt der Bauhof vor Ort die Flächenpflege durch, die Entscheidung darüber, wie die Flächen aussehen sollen, wird aber von kommunalen Gremien gefällt. Letztlich stellt sich die Frage, ob ein Landschafts- und Ortsbild, das weitgehend durchgängig von monotonen Flächen geprägt ist, sinnvoll und zeitgemäß ist und den Wünschen der Bürgerschaft entspricht. Warum ist der Begriff »Gemeindegrün« etabliert, »Gemeindebunt« gibt es aber nicht? Es wäre eine gesamtgesellschaftliche Aufgabe, hier eine geänderte Sichtweise zu fördern. Das bedeutet nicht, flächendeckend pflanzenreiche Wiesen und Lebensräume für Insekten an Stelle von Rasen anzustreben. Es geht vielmehr darum, Vielfalt zu fördern, sowie die Freude an artenreichen und bunten Lebensgemeinschaften aus Tieren und Pflanzen im Ort und in der Umgebung. An technischer Machbarkeit mangelt es nicht – blütenreiche Pflanzengesellschaften lassen sich leicht anlegen, die Methoden dazu sind etabliert.

Blühsaaten auszubringen ist bewährt, um Blütenvielfalt zu fördern. Eine gesetzliche Vorgabe ist dabei, dass in Flächen der freien Natur (was üblicherweise das Areal außerhalb des besiedelten Bereichs ist) nur gebietseigene Pflanzenarten ausgebracht werden dürfen. Um Florenverfälschung zu vermeiden, ist gemäß § 40 (4) des Bundesnaturschutzgesetzes gebietseigenes »Regiosaatgut« bei Einsaat vorgeschrieben. Dabei handelt es sich um in der Region gewonnenes Wildpflanzensaatgut, das dann nach einem Vermehrungsschritt ausgesät wird. In Deutschland sind Herkunftsregionen definiert, in denen Saatgut gewonnen wird, das dann wieder in der Region ausgebracht werden kann. »Naturraumtreues Saatgut« wird in einem noch engeren räumlichen Umfeld gewonnen und kann zusätzlich dazu beitragen, seltene heimische Pflanzenarten zu fördern.

Im Siedlungsbereich gibt es dagegen mehr Entscheidungsfreiraum. Allerdings sollte auch hier Saatgut von heimischen Pflanzen bevorzugt verwendet werden.

Es gibt verschiedene Verfahren, bei denen Saatgut von einer Spender- auf eine Empfängerfläche übertragen wird. Sie stellen etablierte und kostengünstige Methoden dar,

Eine Vielzahl an Blühsaaten ist kommerziell erhältlich. Welche verwendet wird, hängt vor allem von der Lage der Fläche ab. Ganz wichtig für eine erfolgreiche Aussaat ist, auf Erfahrungen zurückzugreifen, die vor Ort schon gemacht wurden.

um blütenreiche Wiesen neu anzulegen. Bei Mahdgutübertragung und Heumulchverfahren wird die gesamte Pflanzenbiomasse einschließlich der Samen abgeerntet und auf eine Empfängerfläche in der gleichen Region übertragen. Bei den miteinander verwandten Methoden Heudrusch- und Wiesendruschverfahren wird auf der Spenderfläche Samen gewonnen und dann auf der Empfängerfläche ausgebracht. Diese Methoden sind in langjährigen Erfahrungen erprobt, die nötigen technischen Geräte sind entwickelt und vorhanden und es gibt zahlreiche Institutionen und Firmen, die diese Verfahren zum Einsatz bringen. Voraussetzung für den Erfolg ist, dass die ökologischen Bedingungen (wie Nährstoffgehalt des Bodens, Bodentyp, Lichtexposition) auf Spender- und Empfängerfläche ähnlich sind. Je nach örtlichen Gegebenheiten kann es nötig sein, die Empfängerfläche vorzubereiten. Zusätzlich kann Aushagern hilfreich sein, d. h. Nährstoffentzug, indem der Bewuchs auf der Empfängerfläche abgeerntet und entfernt wird und keine Düngung erfolgt. Allerdings ist das ein Verfahren, das Jahre erfordern kann. Es kann auch nötig sein, im Saatbett auf der Empfängerfläche den Oberboden einschließlich der darauf vorhandenen Grasnarbe zu entfernen.

Bei Sodenübertragung wird ein anderer methodischer Ansatz gewählt. Dabei wird die gesamte Vegetation einschließlich der Wurzelschicht auf der Spenderfläche mit schwerem technischen Gerät abgeschält und auf die Empfängerfläche übertragen. Das Verfahren ist deutlich aufwändiger als die Übertragung von Saatgut, es hat aber den

Zwei Beispiele für Staffelmahd: Eine Teil der Fläche ist gemäht, eine anderer nicht.

Vorteil, dass es auch dann zur Anwendung kommen kann, wenn bestimmte Pflanzenarten oder -gesellschaften erhalten werden sollen.

Grünflächen müssen gemäht werden, sonst verbuschen sie. Das gilt auch für blühende Wiesen, selbst wenn die Zeit der Blüte vorbei ist, und damit ergibt sich ein Konfliktbereich mit den Insekten auf der Fläche. Allerdings kann die Mahd so durchgeführt werden, dass Insektenpopulationen so weit wie möglich geschont werden. Es ist eintiefgreifender Eingriff in den Lebensraum, und gerade wenig mobile Insekten werden geschädigt.

Bei Staffelmahd und Teilflächenmahd wird die Mahd über mehrere Teilflächen und über unterschiedliche Termine verteilt, um zu gewährleisten, dass dauerhaft Blüten auf der Gesamtfläche vorhanden sind. Wenn Blüten auf einer Teilfläche vorhanden sind, kann auf der Nachbarfläche die Mahd erfolgen. Damit bleibt Nahrung für Insekten erhalten, denn es wird vermieden, dass großflächig Mangel an Pollen und Nektar herrscht. Erstrebenswert ist zusätzlich, nicht nur Blühflächen zu bewahren, sondern Teilflächen für überwinternde Stadien der Insekten im Herbst ungemäht zu lassen.

Wie oft soll gemäht werden, mit welcher Technik, und zu welcher Jahreszeit? Vermeintlich gibt es hier einfache Antworten, in der Praxis sind aber oft Kompromisse nötig und es müssen regional unterschiedliche Bedingungen berücksichtigt werden. Zeitdruck, fehlende technische Ausrüstung und etablierte Traditionen sind oft hinderlich, wenn vor Ort in einer Kommune das Thema Blütenförderung diskutiert wird. Aus Sicht des Insektenschutzes lassen sich aber sinnvolle Rahmenbedingungen benennen. Eine späte erste Mahd (etwa ab Mitte Juni) erlaubt vielen Pflanzen die Blüte. Eine Mahdhöhe von 10–12 Zentimeter schont Insekten ebenso wie die Blattrosetten vieler Pflanzen. Mulchmahd ist ungünstig (es sei denn angepasste Methoden werden verwendet), weil nicht nur Pflanzen, sondern auch viele Insekten feingehäckselt werden. Mahd mit Messerbalken ist günstiger als Mulchmahd, eine geringe Fahrgeschwindigkeit erlaubt vielen Insekten die Flucht.

Diese bunten Tupfer auf Verkehrsinseln verschönern das Ortsbild, bieten Insekten aber keine Nahrung. Die bunten Blütenkelche der Petunien sind, ebenso wie die frisch gepflanzten Stiefmütterchen, keine Insektenblüten.

Blüten bringen bunte Farben in das Ortsbild. Viele Pflanzen werden im Frühjahr in Kommunen fleißig eingegraben und entwickeln sich farbenprächtig im Lauf des Jahres. Allerdings sind nicht alle Blüten, die Menschen gefallen, gleichermaßen förderlich für Insekten. Die Pflanzenzucht hat viele Blüten bunter gemacht, als die Natur es vorgesehen hat, und dazu die pollenproduzierenden Staubblätter zu zusätzlichen Blütenblättern umgewandelt, mit dem Ergebnis, dass sie als Nahrungsquelle für Insekten ausfallen. Das trifft beispielsweise auf gefüllte Geranien, Zuchtrosen, Dahlien oder Sonnenblumen zu. Auch die im Frühjahr prachtvoll gelb blühenden Forsythien locken zwar Bienen an, diese

Insektenfreundliche und attraktive Stauden für den Ortsbereich. Astern (links) blühen spät im Jahr, der Lavendel (rechts) den Sommer über. Beide Blühpflanzen werden von Insekten beflogen.

Eine blühende Weißdornhecke, ein mit Palmkätzchen bedeckter Weidenstrauch und ein Obstbaum am Straßenrand haben Platz auf Eh da-Flächen und bieten Insekten Nahrung.

verlassen jedoch den Blütenkelch nach kurzer Inspektion schnell, denn hier gibt es weder Pollen noch Nektar.

Glücklicherweise gibt es genügend Blühpflanzen, die sowohl schön aussehen wie auch die auch Nahrung für Insekten bieten. Viele davon sind Stauden, womit üblicherweise mehrjährige, krautige und wenig verholzte, niedrigwüchsige Pflanzen bezeichnet werden. Lavendel, Katzenminze, Ysop, Lungenkraut, Astern, Wasserdost, Schafgarbe, Färberkamille und Edelgamander sind farbenprächtig und erfreuen Menschen ebenso wie Insekten. Generell gilt auch hier, dass die Auswahl geeigneter Pflanzen davon abhängt, welche Boden- und Lichtverhältnisse vor Ort vorhanden sind. Oft genügen Kleinflächen wie Betonschalen oder Pflanzkübel vor dem Supermarkt, und man kann Wildbienen beim Blütenbesuch bewundern.

Blüten gibt es nicht nur auf krautigen Pflanzen, sondern auch auf Gehölzen, und diese finden Platz auf Eh da-Flächen. Das gilt für den Siedlungsbereich ebenso wie für die offene Landschaft. Wenn es um Blütenförderung für Insekten geht, werden Gehölze oft vergessen, dabei haben sie den Vorteil der Mehrjährigkeit und bieten nicht nur Insekten Nahrung, sondern tragen auch zur Vielfalt der Landschaft und des Ortsbildes bei. Hierzu gehören auch Obstgehölze. Am Straßenrand kann auch daran gedacht werden, Sorten zu pflanzen, die regionaltypisch sind und vielleicht als reine Nutzpflanzen selten geworden sind. Bei der Pflege von Gehölzen sind die gesetzlich vorgegebenen Rahmenbedingungen zu beachten.

Allerdings gibt es Blüten, die zwar attraktiv aussehen und auch von Insekten beflogen werden, die aber aus unterschiedlichen Gründen oft kritisch betrachtet werden. Neophyten sind »Neusiedler«, von denen viele (keineswegs alle) aus Amerika stammen, weshalb für die Definition dieses Begriffs das Jahr der Entdeckung Amerikas, 1492, verwendet wird. Neusiedler – Tiere wie Pflanzen – sind erst nach diesem Zeitpunkt in Deutschland aufgetaucht. Der Naturschutz weist darauf hin, dass sie vor allem dann als kritisch zu bewerten sind, wenn sie ursprünglich heimische Arten oder Lebensgemeinschaften verdrängen. Gerade in den Spätsommermonaten sind sie oft an verkehrswegbegleitenden Flächen zu sehen, und viele werden auch eifrig von Insekten beflogen.

Blühende Neophyten. Das Drüsige Springkraut (links) stammt aus dem Indischen Subkontinent und wurde als Zierpflanze eingeführt. Es schätzt feuchte, nährstoffreiche, schüttere Böden, die sich vielerorts am Straßenrand finden. Die artenreiche Gattung der Goldruten stammt aus Nordamerika. Die Gewöhnliche Goldrute (rechts) ist ebenfalls eine beliebte Gartenpflanze, die längst aus Gärten entwichen ist und stickstoffhaltige Böden besiedelt.

Manche Blühpflanzen enthalten Inhaltsstoffe, die toxisch sein können, wenn sie bestimmte Konzentrationen überschreiten. Es gibt mehrere Kreuzkrautarten, von denen vor allem das gelb blühende Jacobs-Kreuzkraut weit verbreitet ist und Alkaloide enthält. Auch die Honigbiene besucht die Blüten gern und die Alkaloide sind sowohl in den Blütenpollen wie auch im Honig nachgewiesen worden.

Das Jacobs-Kreuzkraut ist eine heimische Pflanzenart, die sich von Europa aus in andere Kontinente, z. B. nach Amerika, verbreitet hat. Es wird gern von Insekten besucht, auch von der Honigbiene.

Überwinterndes Gestrüpp

Die farbenprächtigen Blüten verschwinden im Herbst, und die grüne Vegetation bildet die Blätter zurück – der Spätherbst ersetzt bunte Farben und strukturreiches Grün durch Braun- und Grautöne. Auch die Insekten verschwinden, wenn der Winter sich ankündigt. Es gibt vielleicht einen kleinen Schwarm zierlicher Wintermücken, der über der Wiese auf und ab tanzt, aber die Vielfalt der Schmetterlinge, Käfer und anderen Insekten ist nicht mehr zu sehen. Nachdem diese Vielfalt im nächsten Jahr aber wieder auftaucht, muss sie ja im Winter irgendwo sein, und dieser einfache Gedanke führt uns zu dem für Insekten außerordentlich wichtigen Lebensraum des überwinternden Gestrüpps.

Wo und wie überwintern Insekten? Die Insekten haben auf diese einfache Frage eine Fülle verschiedener Antworten gefunden. Eine auf den ersten Blick einfache Lösung haben Wanderinsekten: Sie fliegen nach Süden, solange das Wetter noch warm und genügend Nahrung in der Landschaft zu finden ist. Nur sollte man nicht unterschätzen, wie aufwändig diese Reise ist. Voraussetzung ist ein ungemein komplexes, noch weitgehend unverstandenes Orientierungssystem in Raum und Zeit (wann muss abgeflogen werden, und wohin?). Die Reise ist kräftezehrend, mit vielen Gefahren auf dem Weg, von Schlechtwettereinbrüchen bis zu Schwärmen hungriger Vögel. Diese Betrachtung führt insofern zu den Eh da-Flächen, als diese Trittsteinbiotope in der Landschaft bieten können, wo Blüten wachsen, und somit »Reiseproviant« zur Verfügung stellen. Auch langgestreckte Landschaftselemente für Wanderungen sind auf Eh da-Flächen vorhanden. Der klassische europäische Wanderfalter ist der Distelfalter (*Vanessa cardui*, siehe S. 22), der zeitig im Jahr von Nordafrika bis Europa fliegt und dessen Nachkommen im Spätsommer und Herbst wieder die Rückreise antreten. Auch viele andere wohlbekannte Schmetterlinge sind Wanderer. Admiral (*Vanessa atalanta*), Großer Kohlweißling (*Pieris brassicae*) und Taubenschwänzchen (*Macroglossum stellatarum*) sind Beispiele. Interessante Aspekte hat das Wanderverhalten beim Taubenschwänzchen.

Die zuwandernden Taubenschwänzchen konnten nach vorliegenden Daten bis vor einigen Jahren nicht erfolg-

Das Taubenschwänzchen (Macroglossum stellatarum) ist häufig im Schwirrflug, ähnlich einem Kolibri, vor einer Blüte im Garten oder auf dem Balkon zu sehen (links). Die Raupen fressen bevorzugt an Labkräutern, die häufig an trockenen, sonnenbeschienenen Standorten mit kalkhaltigen Böden wachsen. Man muss genau hinsehen, um den gut getarnten kleinen Schmetterling zu entdecken. Ein Taubenschwänzchen hat sich hier zwischen die Wurzeln eines Gesträuchs zurückgezogen (rechts). Der Schmetterling weiß, welche Lebensräume er aufsuchen muss, um gut getarnt und geschützt zu sein.

Ein Heckenrosenbusch im Spätherbst, umgeben von trockenen Stängeln von Nachtkerzen, Kardendisteln, anderen krautigen Pflanzen und Gräsern. Hier finden sich Versteckmöglichkeiten, hohle trockene Stängel ebenso wie das markhaltige Holz der Heckenrose, die von Insekten zum Überwintern besiedelt werden.

reich überwintern, sie sind erfroren. Seit Kurzem ist aber nachgewiesen, dass sie in Wärmeregionen Deutschlands durchaus erfolgreich den Winter überstehen! Das lässt sich als eine Folge des Klimawandels mit milderen Wintern betrachten. Spannend ist diese Betrachtung auch deshalb, weil es mehrere wandernde Schmetterlingsarten gibt, die wohl zu den Profiteuren des Klimawandels gehören. Nun kann man davon ausgehen, dass die Evolution üblicherweise zu sinnvollen Verhaltensweisen führt – worin liegt der Sinn von Wanderungen, wenn keine oder wenige Individuen den Winter überleben? Das Fallbeispiel des Taubenschwänzchens gibt eine mögliche Antwort: Klimawandel ist in evolutionären Zeiträumen häufig, und wenn es wärmer wird, sind die scheinbar »selbstzerstörerischen« Arten, die zwar zuwandern, aber den Winter nicht oder nur selten überleben (wie der auffällige Totenkopfschwärmer *Acherontia atropos*), auf eine Wärmephase vorbereitet. Sie sind bereits angekommen, wenn der Klimawandel die dauerhafte Besiedlung neuer Regionen erlaubt.

Die Mehrzahl der heimischen Insekten bleibt allerdings im Lande. Aber wo halten sie sich auf? Hier spielt überwinterndes Gestrüpp mit trockenen Pflanzenstängeln, Ästen, Baumhöhlen, Streuschicht auf dem Boden oder Falllaub im Herbst eine wichtige Rolle. Diese Lebensräume können im Detail sehr unterschiedlich aussehen.

Schilfhalme bieten Röhren zum Überwintern. Sie wachsen vielerorts auf Eh da-Flächen und können ganzjährig erhalten bleiben. Die Zigarrenfliege (Lipara lucens) ist eine unscheinbare graubraune Fliege, deren Larven sich im Inneren der Triebe von Schilfhalmen entwickeln, die dann »zigarrenartig« verkürzt sind. Sie werden, wenn sie trocken sind, gern von anderen Insekten besiedelt.

Sie sollen hier zusammenfassend genannt werden, denn sie sind unauffällig und nicht attraktiv, ihnen wird wenig öffentliche Aufmerksamkeit geschenkt, und trotzdem sind sie für Insekten außerordentlich wichtig.

Dürre Äste und Stängel werden von Wildbienen in unterschiedlicher Weise genutzt. Manche entfernen das weiche Mark mit ihren Mandibeln, können aber nicht die harte holzige Stängelwand durchnagen und sind auf abgebrochene Zweige und Stängel angewiesen.

Überwinternde Insekten können im Winter in einen Zustand der Bewegungslosigkeit verfallen. Ihre Körpertem-

Die abgestorbenen Triebe der Königskerze sind innen von weichem Mark gefüllt. Ein Standort mit Königskerzen muss mehrere Jahre lang erhalten bleiben, um von Wildbienen genutzt werden zu können: Die Pflanzen bilden im ersten Jahr eine grüne Blattrosette, blühen im zweiten Jahr und bilden im dritten Jahr trockene Stängel, die erst danach von Wildbienen besiedelt werden.

Falllaub bietet sowohl Unterschlupfmöglichkeiten im Winter wie auch Nahrung für die Vielzahl der »Destruenten«, also Organismen, die tote Biomasse abbauen. Das skelettierte Blatt ist ein Beispiel für den fortgeschrittenen Abbau, der vor allem von Mikroben umgesetzt wird, aber auch einige Insekten wie z. B. viele Fliegenlarven oder Springschwänze sind beteiligt.

peratur entspricht dann weitgehend der ihrer Umgebung. Bei Gefahr können sie in diesem Zustand nicht flüchten, weshalb sie gut beraten sind, sich in ein geschütztes Versteck zurückzuziehen. Sie haben nicht, wie Wirbeltiere, eine weitgehend konstante Körpertemperatur, die von der ihrer Umgebung unabhängig ist.

Wie kann ein Insekt winterliche Kälte aushalten? Ein geeigneter Lebensraum ist dafür wichtig, aber ebenso physiologische Mechanismen. Der Gefrierpunkt der Körperflüssigkeit von Insekten kann stark gesenkt werden, sodass sich auch bei tiefen Temperaturen keine Eiskristalle bilden. Dabei spielen »Frostschutzmittel« wie Glycerin oder verwandte chemische Verbindungen sowie verschiedene Zucker in der Körperflüssigkeit eine Rolle. Der Wassergehalt der Zellen wird außerdem reduziert, wodurch ebenso der Gefrierpunkt gesenkt wird und die empfindlichen hochmolekularen Proteine zusätzlich geschützt werden können.

Schmetterlinge können als Ei an abgestorbenen Teilen der Fraßpflanze überwintern (beispielsweise Bläulinge wie der Kronwicken-Bläuling *Plebejus argyrognomon* oder der Silbergrüne Bläuling *Polyommatus coridon*). Viele überwintern auch als Raupe in der Streuschicht am Boden (beispielsweise der Schachbrettfalter *Melanargia galathea*). Als Puppe überwintern in der Vegetation neben den oben genannten Beispielen z. B. das Waldbrettspiel (*Pararge aegeria*) und der Kleine Kohlweißling (*Pieris rapae*). Diese Vielfalt der Überwinterungsstrategien findet sich nicht nur

Ein Zitronenfalter (Gonepteryx rhamni) ist von Eiskristallen umgeben. Die Art ist regelmäßig im Winter auf Ästen zu finden, offensichtlich ist die Ähnlichkeit mit einem Blatt auch in der kalten Jahreszeit ein wirksamer Schutz.

Ein typisches Bild bei den ersten Sonnenstrahlen im Frühjahr: Zwei Siebenpunkt-Marienkäfer (Coccinella septempunctata) verlassen ihr Winterquartier im Falllaub.

bei Schmetterlingen, sondern auch bei Arten anderer Insektenordnungen. Als geschlechtsreife Tiere überwintern beispielsweise Florfliegen, Ohrwürmer und Wanzen wie die Streifenwanze (*Graphosoma italicum*). Viele Heuschreckenarten legen ihre Eier im Herbst in Pflanzenstängeln oder auf Blättern ab. Auch Fliegen, Mücken, Blattläuse und Zikaden haben artspezifisch unterschiedliche Überwinterungsstrategien. Insgesamt ist festzustellen, dass viele heimische Insektenarten einmal in ihrem Entwicklungszyklus – als Ei, Larve, Puppe oder geschlechtsreifes Tier – auf Lebensraumelemente angewiesen sind, die strukturreich sind und dem hier knapp dargestellten Typus des überwinternden Gestrüpps entsprechen.

Aber wie steht es mit der Verfügbarkeit dieser Lebensräume? Es bedarf nur einer kurzen Autofahrt durch die offene Landschaft, um festzustellen, dass hier Mangel herrscht. Das liegt keineswegs in erster Linie am Fehlen geeigneter Flächen, sondern an der vor Ort praktizierten Flächenpflege mit einem Übermaß an Ordnungsliebe.

Überwinterndes Gestrüpp im hier dargestellten Sinn sollte bei jedem Konzept zum Schutz von Insekten wegen der Bedeutung dieses Lebensraums eine zentrale Rolle spielen. Eh da-Flächen bieten genügend Platz dafür, nicht nur im Siedlungsbereich, sondern auch in der offenen Landschaft. Es bedarf keines großen Kosten- oder Materialaufwands, dieses Ziel umzusetzen! Hier geht es vielmehr um öffentliche Akzeptanz für ein Abweichen von dem gewohnten »ordentlichen« Landschaftsbild.

Die Gürtelpuppen des Aurorafalters (Anthocharis cardamines) oder des Landkärtchens (Araschnia levana) überwintern, wie die Puppen vieler anderer Schmetterlingsarten, in trockener Vegetation.

Auf dem Damm wäre genügend Platz für überwinterndes Gestrüpp und eine strukturreiche Streuschicht auf dem Boden. Beides wurde gründlich entfernt.

Hier wuchs im Sommer blütenreiche Vegetation, die vielen Insekten Nahrung bot. Im Herbst ist sie zu Heuballen zusammengepresst (links). Damit sind viele Insekten aus der Landschaft verschwunden, ihren Überwinterungsstadien wurde keine Aufmerksamkeit geschenkt. Streuobstwiesen können die Heimat vieler Tierarten sein. Aber muss wirklich die ganze Fläche auf einmal im Spätsommer gemäht werden (rechts)?

Die Insektenwelt im Boden

Insekten im Boden und im bodennahen Bereich stehen nicht im Mittelpunkt der Eh da-Initiative. Trotzdem sollen sie hier genannt werden, denn ihre ökologische Bedeutung ist gewaltig, und Eh da-Flächen können einen Beitrag zu ihrer Förderung leisten. Bodenorganismen in ihrer Gesamtheit sorgen dafür, das pflanzliche Biomasse sich in fruchtbaren Humus verwandelt. Damit wird gleichzeitig Kohlenstoff der Luft entzogen und dauerhaft im Boden gebunden, was einen wichtigen Beitrag zum Klimaschutz darstellt. Bodenorganismen sind dafür verantwortlich, dass sich das Porensystem im Boden bildet und erhalten bleibt. So kann Sauerstoff eindringen und Niederschlagswasser aufgenommen werden. Nun wird diese ökologische Aufwertung nicht nur von den Insekten geleistet – neben den bekannten Regenwürmern arbeitet hier eine Vielzahl und Vielfalt an Mikroben. »In einem Löffel voll fruchtbarem Boden sind mehr Organismen enthalten, als Menschen auf der Erde leben«, dieser kleine Satz verdeutlicht die Fülle des Bodenlebens. Insekten sind, wenn auch nicht die Hauptakteure, so doch ein wichtiger Teil dieser Vielfalt.

Der Braunrote Raubkurzflügler (Dinothenarus fossor) erreicht bis zu 2 Zentimeter Länge und ist ein auffälliger Käfer. Er hat die typisch verkürzten Vorderflügel der Kurzflügler, unter denen aber, eng zusammengefaltet – wie auch bei vielen anderen Arten der Familie – voll ausgebildete Hinterflügel liegen, mit denen der Käfer geschickt fliegen kann.

Das geringe öffentliche Ansehen der Bodenorganismen steht in keinem Verhältnis zu ihrer praktischen Bedeutung. Letztlich sind dafür zwei Faktoren verantwortlich: Zum einen sind sie in der Regel klein und wegen ihres unterirdischen Lebens selten zu sehen. Zum anderen empfinden wir sie als wenig attraktiv. Ein Regenwurm, ein Engerling oder ein Springschwanz können mit der farbenprächtigen Schönheit eines Schmetterlings auf einer Blüte nicht mithalten. Aber gerade, weil sich die Welt der Bodenorganismen nicht leicht von selbst erschließt, soll sie hier explizit genannt werden.

Kurzflügelkäfer (Familie Staphylinidae) sind eine Käferfamilie, von der die meisten Arten unterirdisch im Porensystem des Bodens leben. Alleine in Deutschland gibt es etwa 1500 Arten. Das kennzeichnende und namensgebende Merkmal sind die kurzen Vorderflügel, unter denen die Hinterflügel eng zusammengefaltet liegen. Auf den ersten Blick sehen sie wegen dieser verkürzten Vorderflügel gar nicht »käferartig« aus, dieser Körperbau macht sie aber sehr beweglich, was in den gewundenen Gängen im Boden von Vorteil ist. Die meisten Arten sind Räuber, manche leben von Pilzhyphen oder von totem Pflanzenmaterial.

Springschwänze (Collembola) sind charakteristische Bodenbewohner. Sie sind ungeflügelt und meistens wenige Millimeter groß. In Deutschland leben etwa 400 Arten, vor allem im Porensystem von humusreichen und feuchten Böden. Namensgebendes Merkmal ist ihre »Sprunggabel«, die bei Arten in tiefen Bodenschichten rückgebildet ist. Springschwänze können in Massen auftreten: Unter einem Quadratmeter eines geeigneten Bodens können über 10000 Tiere leben.

Auch Ameisen sind Bodenbewohner. Die meisten der etwas über 100 heimischen Arten bauen Nester im Erdinneren. Ameisen sind allgemein bekannt, aber oft wenig geschätzt. Man sollte jedoch bedenken, dass sie zu den »Ökosystem-Ingenieuren« gehören, weil sie – ebenso wie Bienen oder Regenwürmer – Ökosysteme als Ganzes formen können. Das mag auf den ersten Blick überraschen, aber Ameisen zeichnen sich dadurch aus, dass sie nicht einen speziellen, sondern vielfältige Einflüsse auf Ökosysteme haben.

Ameisen fördern das Porensystem des Bodens. Der oberirdische Ameisenhaufen ist nur ein kleiner Teil des Nests, darunter liegt ein in die Tiefe reichendes Gangsystem, in dem die Brut aufgezogen wird. Dieses Gangsystem nimmt ein viel größeres Volumen als der oberirdische Haufen ein! Um es zu graben, transportieren Ameisen Bodenpartikel an die Erdoberfläche, und tragen somit zur Umschichtung des Bodens bei. Die unterirdischen Gänge sind Teil des Porensystems des Bodens.

Ameisen ernähren sich teilweise räuberisch. Man kann sie oft beobachten, wie sie tote Insekten in ihr Nest transportieren. Deshalb tragen sie dazu bei, Massenvermehrungen, etwa bei bestimmten Raupen, in Grenzen zu halten.

Ameisen fördern Blattläuse. Das ist wichtig für ein Ökosystem, denn von Blattläusen ernähren sich wiederum Marienkäfer, Florfliegen und manche Schwebfliegen. Diese Symbiose zwischen Ameisen und Blattläusen kann jeder Gartenbesitzer beobachten: Ameisen suchen ihre »Haustiere« auf, betrillern sie mit den Fühlern, worauf die Blattlaus einen Tropfen des von Ameisen sehr begehrten zuckerhaltigen Honigtaus abgibt. Als Gegenleistung schützen die Ameisen Blattläuse vor Feinden und transportieren sie sogar aktiv auf neue Wirtspflanzen.

Springschwänze sind flügellos und können sehr unterschiedliche Formen haben. Der Körper kann langgestreckt oder kugelig sein, bei den meisten Arten mit Borsten an der Oberseite.

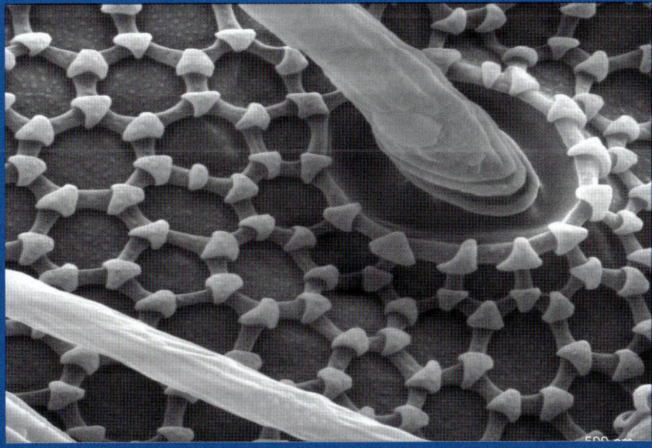

Namensgebendes Merkmal der Springschwänze ist die Sprunggabel am Körperende (links). In Ruhestellung ist sie unter das Abdomen geklappt und wird mit einer hakenartigen Struktur am Körper festgehalten. Wenn das Tier gestört wird, löst sich die Sprunggabel, schnellt nach vorne und schleudert den Springschwanz in die Höhe. Das Leben im Boden erfordert auch besondere Anpassungen. Die Körperoberfläche vieler Springschwänze zeigt auffällige regelmäßige Strukturen (rechts). Springschwänze atmen durch die Körperoberfläche, eventuell dienen die Strukturen dazu, in dem sauerstoffarmen Milieu im Bodeninneren die Atmung zu ermöglichen.

Ein Weibchen des Ameisen-Sackkäfers (Clytra laeviscula) hat ein Ei gelegt und umgibt es mit Schuppen aus für Ameisen attraktiven Substanzen. Das Ei wird auf den Boden geworfen, von Ameisen gefunden und ins Nest transportiert. Die Larve baut sich dort einen Sack aus Kot, welchem das Tier den Namen verdankt, und ist somit vor Angriffen der Ameisen geschützt. Sie ernährt sich von Abfall und Ameisenbrut.

Larven der Schwebfliegenart Microdon mutabilis sind kaum als Fliegenlarven zu erkennen, sie sind scheibenförmig, knapp einen Zentimeter lang und haben eine Kriechsohle. Ihre stabile Oberseite schützt sie vor Attacken der Ameisen. Sie leben in Ameisennestern und ernähren sich dort von Ameisenbrut, sind also als Parasiten zu betrachten.

Ameisen melken (»betrillern«) ihre Blattläuse und nehmen den Honigtau auf. Wenn er nicht von Blattläusen gesammelt wird, kann er abtropfen und auf der Wirtspflanze einen klebrigen Belag bilden, der unter anderem vielen Fliegen und Bienen (einschließlich der Honigbiene) als Nahrung dient.

Ameisen fördern auch andere Insekten. In Ameisennestern leben Kommensalen (d.h. Arten, die die Ameisen nicht schädigen, z.B. sich von Abfällen ernähren) und Parasiten, die Ameisenbrut fressen.

Auch verschiedene Bläulingsarten, nicht nur der Ameisenbläuling, profitieren von Ameisen, so zum Beispiel der Silbergrüne Bläuling (*Lysandra coridon*) oder der Hauhechel-Bläuling (*Polyommatus icarus*), deren Raupen ein von Ameisen hochgeschätztes Sekret absondern und dafür Schutz genießen.

Ameisen tragen zur Verbreitung vieler Pflanzenarten bei. Die Samen dieser Pflanzen haben einen Fortsatz, das Elaiosom, welcher für Ameisen attraktive Substanzen enthält. Findet eine Ameise einen Samen, nimmt sie ihn mitsamt der fest damit verbundenen Delikatesse auf und frisst das Elaiosom entweder auf dem Weg ins Nest oder transportiert es zu ihren Stockgenossinnen. Ohne Elaiosom ist der Samen für die Ameise uninteressant, sie lässt ihn liegen oder er wird als Abfall aus dem Nest geworfen. Für die Pflanze ist der Vorteil offensichtlich: Die Samen werden auf diese Weise verbreitet.

Es sind vor allem zeitig im Jahr blühende Pflanzen wie Veilchen, Leberblümchen und kurzstielige Schlüsselblumen, deren Samen mit einem Elaiosom versehen sind.

Oberflächennahe Bodenschichten sind auch für Schmetterlinge wichtig. Viele Raupen, beispielsweise von Eulenfaltern (Familie Noctuidae), leben von Wurzeln oder halten sich tagsüber im Boden auf, zudem verpuppen sich die Raupen vieler Arten im Boden.

Was können Eh da-Flächen für diese Bodenorganismen beitragen? Die Antwort ist nicht so einfach wie beispielsweise bei der Förderung von Blüten für Blütenbesucher, und es gibt auch wenige Daten zu dem Thema. Aber es ist anzunehmen, dass Eh da-Flächen für die Bodenfauna in der Agrarlandschaft von unterschätzter Bedeutung sind. Es sind Flächen, die oft weder mit schwerem Gerät befahren werden noch versiegelt sind, und die deshalb Refugien für Bodenorganismen in der Landschaft darstellen. Versiegelung bedeutet, dass Boden luft- und wasserdicht verschlossen ist. Das hat gravierende Auswirkungen auf die Bodenorganismen. Beton, Asphalt und flächendeckende Pflastersteine finden sich auch auf Flächen, die als Eh da-Flächen ausgewiesen sind. Ist das immer nötig? Die Frage stellt sich auch bei Bodenverdichtung, bei der Boden durch hohe Belastung mit schweren Maschinen komprimiert wird, wodurch das für Bodenorganismen so wichtige Porensystem gestört wird.

Eine Ameise hält mit ihren Mandibeln ein Elaiosom fest und transportiert es mitsamt dem daran hängenden Samen weiter. Im Elaiosom sind Fette, Zucker und Vitamine enthalten, was es für Ameisen sehr attraktiv macht.

Die Raupe eines Schwärmers (Familie Sphingidae) hat sich am Ende ihrer Entwicklung in den Boden eingegraben und eine Höhle als Puppenwiege angelegt, in der sie sich verpuppt hat. Schwärmerpuppen zeigen in der Regel äußerlich gut sichtbare, spiralig aufgerollte Rüsselscheiden. Auch viele andere Nachtfalter, vor allem Eulen, Spinner und Spanner, verpuppen sich im Boden.

Ist dies nicht der Fall, können Eh da-Flächen einen Beitrag zum Schutz von Bodenorganismen leisten. Ungestörte Flächen, die nicht versiegelt sind und auf denen über Jahre hinweg keine mechanische Bearbeitung (Pflügen, Grubbern etc.) stattfindet, die nicht mit Maschinen befahren und auf denen Pflanzenschutzmittel und Dünger nicht eingesetzt werden, sind in einer Agrarlandschaft selten. Auch wenn es dazu bisher wenig Untersuchungen gibt, ist anzunehmen, dass Dämme, Böschungen, Unland oder andere Eh da-Flächenkategorien bereits jetzt für viele bodenbewohnende Organismen wichtige Refugien darstellen, von denen aus sie sich auch auf benachbarte Flächen ausbreiten und diese erneut besiedeln können.

Wer über Jahre hinweg die Entwicklung von Eh da-Flächen vor Ort verfolgt, kann immer wieder sehen, dass sie als Parkplatz oder als Wendefläche für schwere Fahrzeuge verwendet werden. Auch wenn Bodenorganismen nicht im Mittelpunkt der Eh da-Initiative stehen: Hier wäre wünschenswert, dass der unter der Erde lebende Teil der biologischen Vielfalt mehr bedacht wird.

Dieses Feld ist bearbeitet, landwirtschaftliche Maschinen haben Spuren hinterlassen. In den oberflächennahen Schichten dieses Bodens ist kaum mit Insekten zu rechnen. Benachbarte Eh da-Flächen können ein Refugium bieten.

Eh da-Projekte: Wie kommen Lebensräume in die Landschaft?

Im Mittelpunkt von Eh da-Projekten stehen Kommunen, und es gibt sehr gute Argumente dafür. Kommunen verfügen in der Regel über Eh da-Flächen. Auf kommunaler Ebene können Entscheidungen gefällt werden, wie diese Flächen gestaltet werden sollen. Die Kommune hat außerdem Verbindungen zu den wichtigen Akteuren. Zu nennen sind hier beispielsweise Straßenbauämter, Bauamt, Naturschutzorganisationen und -behörden, Bauern, Imker, Jäger – kurz, die Entscheidungsträger und Experten vor Ort. Zu den wichtigen Institutionen, die beispielsweise für Dämme oder Straßenböschungen zuständig sind, sind Kontakte etabliert. Erfahrungen liegen vor, beispielsweise zu der Frage, welche Blühsaaten bereits erfolgreich ausgesät wurden und welche Maßnahmen dazu nötig waren. Über den Maschinenpark für das Flächenmanagement wird auf kommunaler Ebene entschieden. Gärtner führen im Auftrag der Kommune Bepflanzungen durch. In aller Regel gibt es in Kommunen bereits Gremien, die Umwelt- und Naturschutzthemen zum Inhalt haben. Kontakte zu Nachbargemeinden können wertvoll sein, um Erfahrungen und gegebenenfalls auch Geräte zur Flächenpflege auszutauschen. Dabei kommt dem Gemeinderat in aller Regel die zentrale Rolle zu: Hier wird entschieden, ob ein Projekt durchgeführt werden soll. Wenn es dazu kommt, werden hier die meisten relevanten Entscheidungen für das Projekt gefällt.

Der Begriff »Eh da-Flächen« und, damit verbunden, der Gedanke zum gezielten Flächenmanagement zur Förderung biologischer Vielfalt ist inzwischen populär geworden. In diesem Kapitel soll schematisch, zuerst allgemein und dann anhand einer Mustergemeinde, zusammengefasst werden, wie der Entscheidungsablauf in der Regel strukturiert ist.

Eh da-Projekte auf kommunaler Ebene

Wie kommt ein Eh da-Projekt aufs Gleis? Grundsätzlich gilt, dass jede Bürgerin und jeder Bürger einer Kommune die Initiative ergreifen kann. Dies entspricht auch der Erfahrung: Oft sind es nicht Organisationen oder Verbände, von denen die Anregung ausgeht, sondern einzelne Personen oder Gruppen, die etwa beim Gemeinderat vorstellig werden oder bei einem Umweltausschuss und den Gedanken einbringen, in ihrer Kommune ein Eh da-Projekt durchzuführen. Der Ablauf, wenn dies gelingt, lässt sich schematisch wie folgt strukturieren:

- **1. Stufe: Interesse auf Gemeindeebene.** Diese erste Stufe ist Voraussetzung für alles Weitere – in einer Kommune besteht Interesse daran, ein Eh da-Projekt durchzuführen. Das kann von einzelnen Personen angeregt werden. Oft sind Nachbargemeinden schon aktiv oder Naturschutzorganisationen können den Anstoß geben. Idealerweise ist den Entscheidungsträgern vor Ort das Prinzip eines Eh da-Projekts durch die Medien bekannt.
- **2. Stufe: Flächenanalyse.** Eh da-Flächen gibt es in jeder Kommune, wenn auch in unterschiedlicher Flächenausdehnung und Lokalisation. Es gibt Kommunen, bei denen einzelne Eh da-Flächen ökologisch bereits aufgewertet werden, meist mit Blütenförderung, was oft eine gute Grundlage für weiterführende Maßnahmen ist. In jedem Fall wird eine Flächenanalyse empfohlen, bei der eine Landkarte der örtlichen Eh da-Flächen angefertigt wird. Auf Projektebene wird auf dieser Entscheidungsstufe üblicherweise der Begriff der »Eh da-Potenzialflächen« verwendet, wenn vorhandene Eh da-Flächen das Potenzial für eine ökologische Aufwertung haben, aber noch nicht entschieden ist, ob und welche Maßnahmen durchgeführt werden.
- **3. Stufe: Erstellung einer Potenzialflächenkarte.** Es empfiehlt sich unbedingt, für eine gemeindeinterne Diskussion eine Landkarte zu erstellen, in der die Eh da-Potenzialflächen vor Ort eingezeichnet sind. Sie kann

mit unterschiedlicher Genauigkeit erstellt werden. Ein sehr hohes Maß an Präzision erlaubt eine Karte, die Katasterdaten aus ALKIS verwendet, aber auch andere Geodaten (z. B. Luftbilder) können verwendet werden. In dieser Karte sind die Eh da-Potenzialflächen vor Ort dargestellt, aber zusätzlich auch andere biodiversitätsfördernde Flächen wie ausgewiesene Naturschutzflächen, Ausgleichsflächen, gegebenenfalls Parks, Friedhöfe oder strukturreiche Gärten. Damit ist eine Grundlage dafür geschaffen, die Konnektivität von verschiedenen Lebensräumen in der Landschaft in die Diskussionen und Entscheidungen einfließen zu lassen.

- **4. Stufe: Diskussion der Landkarte.** Diese Landkarte wird im Gemeinderat oder anderen kommunalen Gremien vorgestellt und diskutiert. Voraussetzung ist, dass die Teilnehmer mit den Grundprinzipien eines Eh da-Projekts vertraut sind. Die Erfahrung hat gezeigt, dass diese Diskussionen sehr temperamentvoll werden können: »So ein Unsinn, die Flächen gehen ja gar nicht«, wenn versehentlich die Liegewiese des Schwimmbades eingeplant wurde, oder »Da fehlt ja etwas Wichtiges«, wenn etwa vor dem Ortsrand eine Brachfläche liegt, die nicht berücksichtigt wurde. Auf dieser Ebene, wie auch den folgenden, sollten auf jeden Fall Experten eingebunden werden.

- **5. Stufe: Flächenbegehungen.** Die Landkarte zeigt Eh da-Potenzialflächen, aber das ist kein Ersatz für Flächenbegehungen vor Ort. Auch hier sind Experten wichtig, ebenso Vertreter der Kommune, interessierte Bürger oder Vertreter von Naturschutzorganisationen oder Behörden. Diese Begehungen sind deshalb nötig, weil oft erst dabei bekannt wird, dass manche Fläche, die bisher kaum beachtet wurde (wie etwa die vegetationsarme Auffahrt zu einer Böschung), ein erhaltenswertes Rohbodenbiotop ist, auf dem keineswegs mit vielleicht nennenswerten Kosten Blühsaaten ausgebracht werden sollten.

- **6. Stufe: Diskussion der Ressourcen.** Zwei Fragen sind vor einer Entscheidung für oder gegen ein Projekt immer zu stellen: »Was kostet das?« und »Wer soll das machen?«. Beide Fragen lassen sich nicht generell beantworten, sondern hängen von den Gegebenheiten vor Ort ab. Zum Thema »Kosten« ist zu sagen, dass es erfolgreiche Projekte gibt, die nach Aussage der Bürgermeister keine Kosten verursachen, weil die Flächenpflege, die ohnehin durchzuführen ist, nun zusätzlich ökologische Kriterien berücksichtigt – etwa angepasste Mahd in sogar längeren Intervallen oder Erhalt von Rohboden und Biotopholz. Anderseits gibt es Projekte, in denen etwa für die Saatbettvorbereitung Oberboden abgetragen wird und eine Beratung über externe Büros erfolgt. Auch die zweite Frage, wer die Durchführung übernimmt, ist nur vor Ort zu beantworten. Ein Eh da-Projekt benötigt Fachkompetenz, die oft, aber nicht immer, in Kommunen vorhanden ist.

- **7. Stufe: Ein Plan.** Wenn eine Entscheidung für ein Eh da-Projekt gefallen ist, empfiehlt es sich, einen knappen und klaren Plan zu erstellen. Dieser Plan sollte in einem Jahreszyklus enthalten, **wer** (d. h. welche Person oder Institution), **wann** (d. h. in welchem Terminrahmen im Lauf eines Jahres), **was** (d. h. welche Managementmaßnahme) und **wo** (d. h. in welchen Flächen) durchführt. Der Plan sollte mehrere Jahre umfassen.

- **8. Stufe: »Paten«.** Ein Pate ist eine Person, eine Institution oder ein Team (letzteres erweist sich in der Regel als empfehlenswert), das sich dauerhaft um das Eh da-Projekt vor Ort kümmert. Eine Erfahrung ist, dass bei Kommunen, in denen ein Projekt vielleicht mit viel Elan begonnen wurde, dieses aber nach einigen Jahren versandet ist, es zumeist daran liegt, dass das Projekt nicht genügend betreut wurde. Umgekehrt sind es immer wieder »Paten«, die den Gedanken der Eh da-Initiative weitertragen und benachbarte Kommunen zum Mitmachen motivieren.

Die Eh da-Potenzialflächenkarte als Grundlage für Empfehlungen zur ökologischen Aufwertung

In eine Eh da-Potenzialflächenkarte sind die Eh da-Flächen einer Kommune eingetragen. Hier soll beispielhaft »Bad Musterhofen« dargestellt werden, eine virtuelle Kommune, die etwas über 3000 Einwohner hat und inmitten einer agrarisch genutzten Umgebung liegt. Das Eh da-Projekt begann im Jahr 2017. Es etablierte sich ein Eh da-Team, das aus einigen sehr engagierten Personen bestand und die Projektbetreuung übernahm.

In Bad Musterhofen sind, wie zu erwarten, die meisten Eh da-Flächen verkehrswegbegleitend und deshalb langgestreckt. Die Flächen liegen sowohl im Ortsinnenbereich wie in der offenen Landschaft. Allerdings sind auch kompakte Areale zu sehen, beispielsweise im Bereich von Verkehrsinseln, an mehreren Zwickeln in der offenen Landschaft, im Bereich um eine offengelassene Sandgrube außerhalb des Ortsbereichs und an einem selten genutzten Regenrückhaltebecken, das auch außerhalb des Ortsbereichs liegt. Insgesamt machen die Flächen 3,4 Prozent der Gesamtfläche der Kommune aus. Die Flächenpflege wird im Ortsbereich vom Bauhof durchgeführt, entlang der größeren Verkehrsstraßen von zuständigen Landesbehörden. Im Ort gibt es eine kleine, aber aktive Naturschutzorganisation.

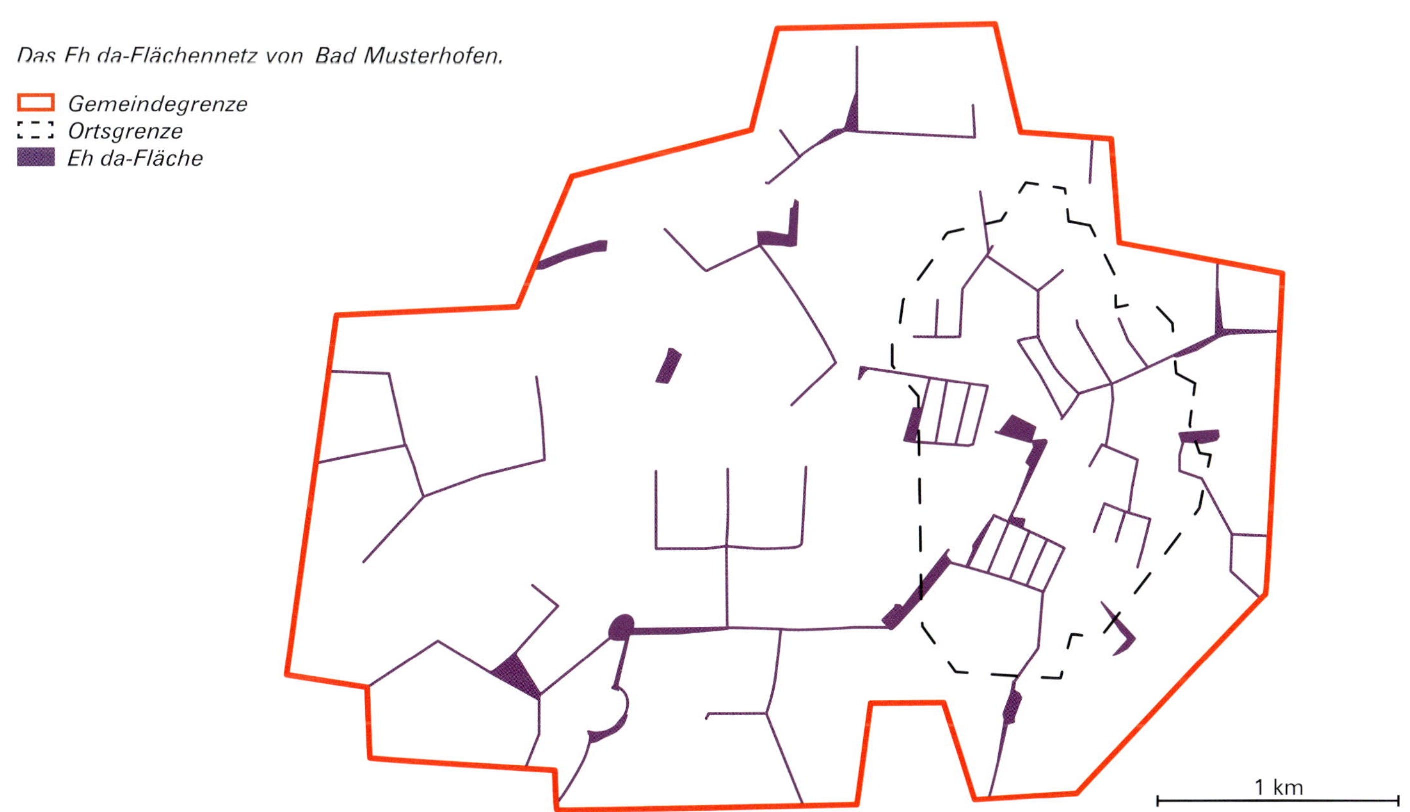

Das Eh da-Flächennetz von Bad Musterhofen.

In und um Bad Musterhofen gibt es verschiedene biodiversitätsfördernde Flächen:

1. Es gibt ein großes Flora-Fauna-Habitat-Schutzgebiet mit einer ehemaligen Sandgrube in der näheren Umgebung.
2. Vor allem im alten Ortskern gibt es Gärten mit alten Obstbäumen, Biotopholz, Blütenvielfalt und Trockenmauern.
3. Außerhalb des Siedlungsbereichs liegt eine Fläche, die vor vielen Jahren als Ausgleichsfläche ausgewiesen wurde und die inzwischen mit großen Obstbäumen bewachsen ist.
4. Das Regenrückhaltebecken, in dessen Umgebung Eh da-Flächen liegen, findet sich ebenfalls in der offenen Landschaft.
5. Im Ortskern liegen zwei Flächen, in denen mit Blühsaat (nicht regionaler Herkunft) und Blumenzwiebeln Blüten gefördert werden.

Die »Kombinationskarte« aus Eh da-Flächen und anderen biodiversitätsfördernden Flächen ist die Grundlage für weitere Planungen. Vorschläge zur ökologischen Aufwertung wurden in Zusammenarbeit von kommunaler Naturschutzorganisation, externen Experten, Gemeinderat und Straßenbehörde unter Einbindung einer Naturschutzbehörde erarbeitet. Es bedurfte mehrerer Telefonkonferenzen und zweier Ortsbegehungen mit anschließender Diskussionsrunde, bis eine gemeinsame Position erarbeitet war. Diese enthält Empfehlungen zur ökologischen Aufwertung.

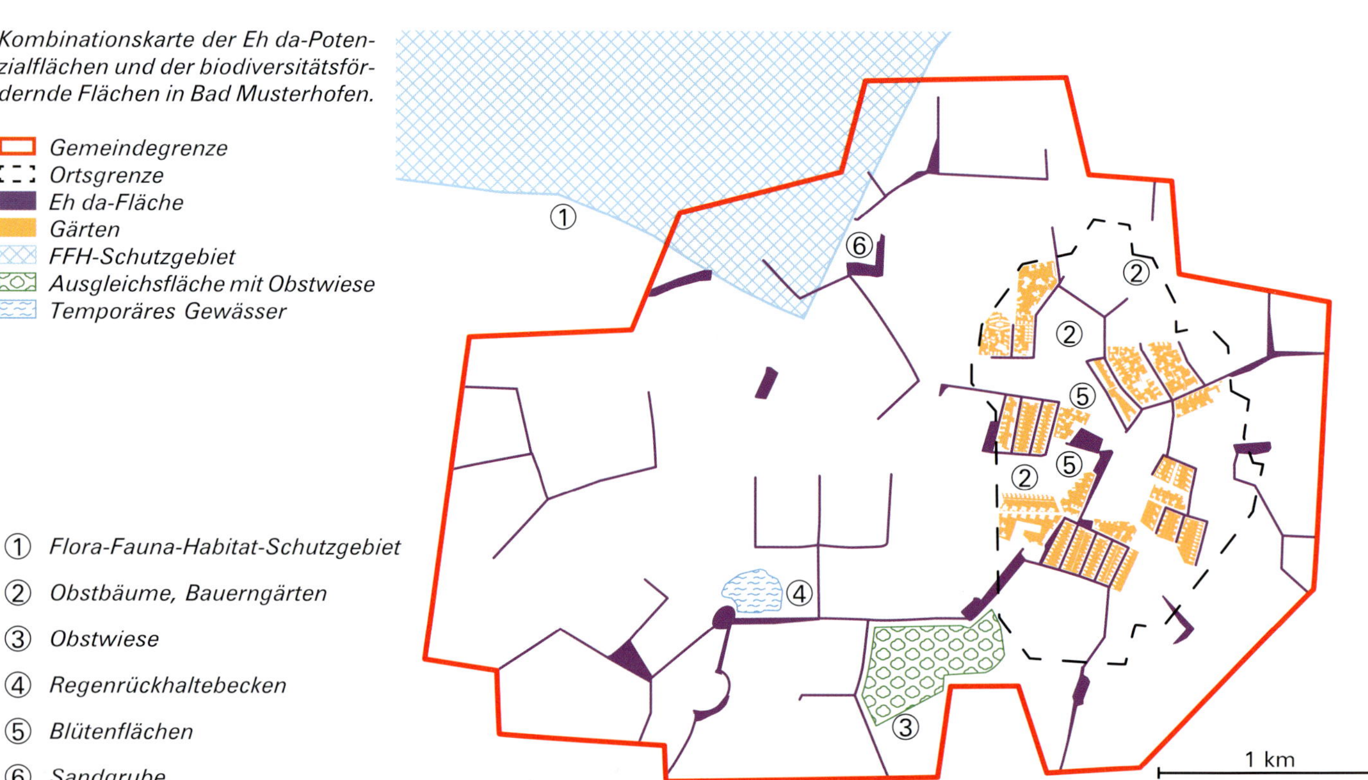

Kombinationskarte der Eh da-Potenzialflächen und der biodiversitätsfördernde Flächen in Bad Musterhofen.

Folgende Maßnahmen wurden empfohlen:

A. Aufgelassene ehemalige Sandgrube mit vertikalen und horizontalen Rohbodenelementen. Gegen beginnende Verbuschung wird auf einem Teil der Fläche Vegetation entfernt (Brombeere, Birke). Am Fuß der teilweise erodierten vertikalen Fläche wird ein Teil des Bodens abgetragen und somit der vertikale Flächenanteil des Rohbodens stabilisiert.

B. Böschungen mit Gebüsch. Die Sträucher wurden bereits vor Jahren gepflanzt, es wachsen sehr unterschiedliche Gehölze, einige sind auch durch Samenzuflug dazugekommen. Exoten (z. B. Goldregen) werden entfernt, stattdessen werden heimische Sträucher mit Blüten für Insekten (z. B. Salweide) gepflanzt. Am Fuß der Böschung wird ein Streifen mit grüner, artenreicher Vegetation und überwinterndem Gestrüpp durch gezielte Pflege angelegt, zusätzlich wird auf Teilflächen am Fuß der Böschung Regiosaatgut eingesät.

C. Flächen im Ortsinnenbereich und am Ortsrand mit Blühsaaten. Hier werden von der Kommune bereits seit Jahren Blüten gepflanzt und gesät. Es wird vorgeschlagen, auch im Ortsinnenbereich Regiosaatgut zu verwenden. Auf jeden Fall soll auf Blühpflanzen verzichtet werden, die Insekten keine Nahrung bieten, stattdessen werden heimische, mehrjährige, insektenfördernde Stauden empfohlen.

D. Hier werden momentan im Frühjahr Stiefmütterchen und Begonien zur Verschönerung des Ortsbilds gepflanzt. Sie sollen durch insektenfördernde Blühpflanzen ersetzt werden.

Empfehlungen für ökologische Aufwertungsmaßnahmen in Bad Musterhofen.

Gemeindegrenze
Ortsgrenze
Eh da-Fläche
Gärten
FFH-Schutzgebiet
Ausgleichsfläche mit Obstwiese
Temporäres Gewässer

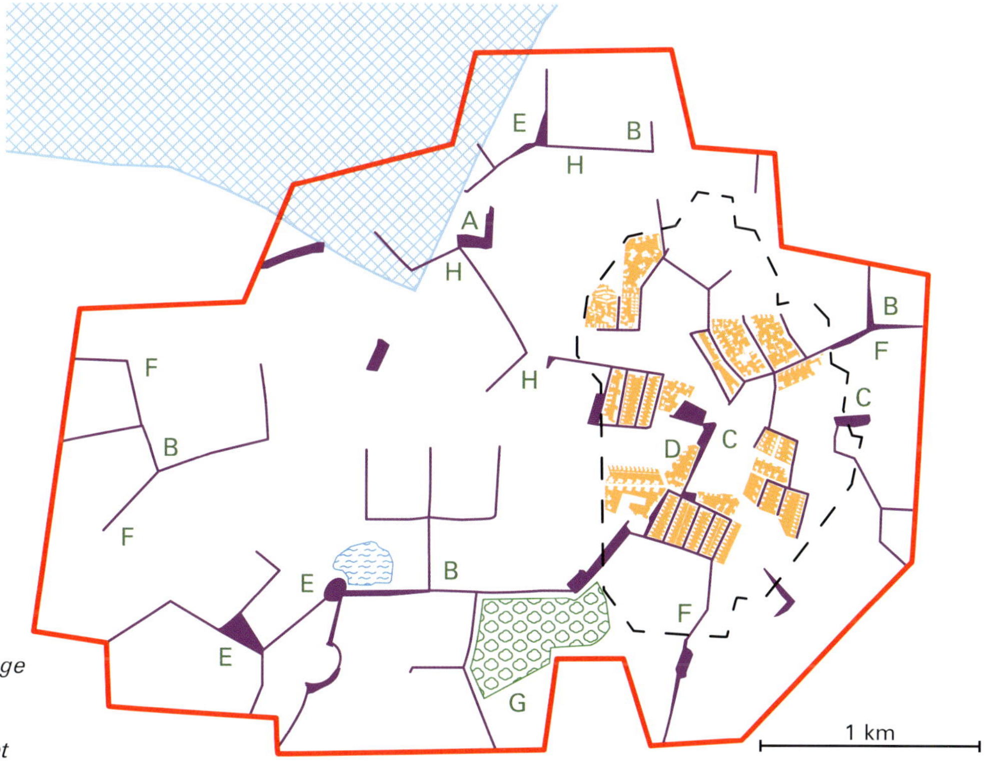

A *Rohbodenbiotope erhalten*
B *Böschungen*
C *Blühsaatflächen*
D *Insektenfördernde Blühpflanzen*
E *Agrarzwickel für Gestrüpp*
F *Regiosaatgut entlang der Feldwege*
G *Staffelmahd auf Obstwiese*
H *Brückenflächen zum Schutzgebiet*

1 km

E. Zwickel in der Agrarlandschaft zwischen Feldern, Feldweg und Straße. Auf dem Zwickel wächst bereits artenreiche Vegetation. Es wird empfohlen, nur ein- oder zweimal im Jahr zu mähen, nach dem Prinzip der Staffelmahd, außerdem wird auf einem Teil der Fläche überwinterndes Gestrüpp erhalten. Ein Lesesteinhaufen wird eingeplant.

F. Entlang von Feldwegen in der offenen Landschaft wird Regiosaatgut gesät. Nach Rücksprache mit den Landwirten wird teilweise überwinterndes Gestrüpp erhalten. In einigen Bereichen wird die bestehende artenreiche Vegetation ein- oder zweimal im Jahr gemäht, immer wird dabei das Prinzip der Staffelmahd angewendet.

G. Auf der Obstwiese wurde bisher die Mahd zwischen den Obstbäumen in erster Linie nach landwirtschaftlichen Kriterien durchgeführt. Es wurde ein Bewirtschaftungsplan erstellt, nach dem die Mahd zweimal pro Jahr nach dem Prinzip der Staffelmahd durchgeführt wird und etwa ein Drittel der Fläche für überwinterndes Gestrüpp reserviert bleibt. Auf dem Boden sollen tote und absterbende Äste erhalten bleiben.

H. Diese Flächen (»Konnektiviätsflächen«) liegen zwischen dem Ortskern, in dem es teilweise biodiversitätsfördernde Flächen gibt, und dem Flora-Fauna-Habitat-Schutzgebiet. Damit gewinnen sie unter dem Aspekt der Konnektivität der Lebensräume an Bedeutung. Hier soll mit Priorität Blütenförderung betrieben, überwinterndes Gestrüpp eingeplant und Mahd nach dem Prinzip der Staffelmahd durchgeführt werden. Mehrere Lesesteinhaufen werden eingeplant.

Diese Empfehlungen werden mit ortsspezifischen Daten ergänzt, z.B. Herkunft des Regiosaatgutes, Zeitplan für die vom Bauhof durchzuführenden Maßnahmen, Herkunft des Gesteins für Lesesteinhaufen, Bezugsquellen für insektenfreundliche Gehölze und Stauden und namentliche Benennung von Experten und »Paten«.

Weil das Thema »Wildbienenschutz« in der Kommune auf besonderes Interesse stieß, wurden zusätzliche Elemente in die Planung einbezogen. Die stillgelegte Sandgrube wird alljährlich von Kolonien einer individuen- und artenreichen Wildbienengesellschaft besiedelt, und in der Umgebung finden sich mehrere von Bienen besiedelte Böschungen mit schütterem Bewuchs und hohem Roh-

Beispiele für Fördermaßnahmen für Eh Da-Flächen, wie eine ungemähte Obstbaumwiese, eine Sandgrube mit Rohbodenanteil, ...

bodenanteil. Zunächst wurde empfohlen, von Fachleuten eine Bestimmung der vorkommenden Arten durchführen zu lassen. Bei der Planung von Blühflächen wurde ebenfalls auf die Wildbienengesellschaft Rücksicht genommen. Angesichts der bei manchen Arten bekannten begrenzten Flugradien beim Sammelflug wurde eine Kreisfläche mit einem Radius von circa 500 Metern um die Brutbiotope gelegt, innerhalb derer Blüten besonders gefördert werden.

Wie entwickelte sich das Eh da-Projekt in Bad Musterhofen? Es ist keineswegs so, dass alle Empfehlungen sofort, das heißt in der Saison nach Erstellung des Vorschlags, umgesetzt worden wären. Zunächst ist festzustellen, dass die Empfehlungen um Aufwertungsmaßnahmen für Lebensräume für Amphibien und Reptilien ergänzt werden. In der ersten Saison wurden zur Förderung von Insekten vor allem die Maßnahmen implementiert, die Blüten zum Inhalt haben. Hier ist erwähnenswert – und das kann als sehr typisch für viele Kommunen angesehen werden – dass manche Erwartung der Bürgerschaft nicht erfüllt wurde. Die ausgesäten Blühsaaten gingen nicht überall auf, und die Blattrosetten mehrjähriger Pflanzen trugen im ersten Jahr nicht zur Verschönerung des Ortsbilds im erhofften Maß bei. Es gab im Amtsblatt kritische Anmerkungen. Im Folgejahr wurden trotzdem weitere Maßnahmen implementiert, wie z. B. die Pflege von Biotopholz und Rohbodenbiotopen. Auch das kann als typisch angesehen werden: Ein Eh da-Projekt folgt einer Dynamik. Im Fall von Bad Musterhofen führte sie dazu, dass der Grundgedanke, Insekten zu fördern, in der Bürgerschaft verbreitet wurde, sodass im Lauf der Jahre die Aufwertungsmaßnahmen auf eine breitere Basis gestellt wurden. Nicht zuletzt zeigten sich auch überkommnunale Effekte, als sich zwei Nachbarschaftskommunen der Initiative anschlossen.

Es muss aber klar angesprochen werden, dass nicht jedes Eh da-Projekt, wenn man die mehrjährige Entwicklung der Initiative betrachtet, so erfolgreich wie das im virtuellen Bad Musterhofen ist. Projekte werden oft mit Begeisterung begonnen, doch nach einigen Jahren ist nichts mehr davon zu erkennen. So gut wie immer fehlt dann ein engagierter »Pate«. Allein der Grundgedanke der Eh da-Initiative ist offensichtlich nicht immer so durchschlagend, dass ein Projekt dauerhaft zum Selbstläufer wird.

... Rohboden und Blütenbewuchs neben einer Straße sowie ein naturbelassener Ackerzwickel.

Kommunikation, Kommunikation, Kommunikation!

Es kann gar nicht genug hervorgehoben werden, wie wichtig Kommunikation bei einem Eh da-Projekt ist. Das gilt vor allem deshalb, weil in der Öffentlichkeit über Insekten und die Komplexität ihrer Lebensraumansprüche sehr wenig bekannt ist. Dabei ist klar festzustellen, dass Exkursionen oder Ortsbegehungen in einer Kommune bei der Bürgerschaft auf großes Interesse stoßen. Einer Heuschrecke, einer Hummel oder einer Schwebfliege gehört in aller Regel höchste Aufmerksamkeit, insbesondere im Zusammenhang mit den Gegebenheiten vor Ort und der faszinierenden Lebensweise der Insekten. Eh da-Projekte laden dazu ein, scheinbar Selbstverständliches, wie Tiere, die normalerweise keiner weiteren Betrachtung unterzogen werden, genau anzusehen, und somit ein Gefühl für eine kleine Welt zu entwickeln, die allenthalben vor der Haustür zu finden ist.

Die Kommunikation kann auf unterschiedlichen Wegen erfolgen. Vorträge, Exkursionen und Flächenbegehungen und Beiträge in der lokalen Presse gehören auf jeden Fall dazu. Sinnvoll können auch aufgestellte Informationstafeln sein, vor allem dann, wenn sich nicht von selbst erschließt, warum auf einer vorher ordentlich gepflegten Fläche nun plötzlich »unordentliches Gestrüpp« wächst.

Zur Kommunikation sollte auch gehören, auf Zielkonflikte hinzuweisen, mit denen bei einem Projekt zu rechnen ist. Dazu zählt vor allem der bereits wiederholt erwähnte Spannungsbereich zwischen den Lebensraumansprüchen von Insekten und dem verbreiteten Wunsch nach ordentlichen Grünflächen und bunten Blumenrabatten. Zu nennen ist aber auch der Sachverhalt, dass nicht alle Insekten und Pflanzen, die bei Eh da-Projekten gefördert werden, gern gesehen sind. Auf Eh da-Flächen können Ackerdisteln und andere Unkräuter wachsen, deren Samen sich auf umgebende Äcker verteilen. Verschiedene Kreuzkrautarten, auch der schöne Natternkopf, enthalten Pyrrolizidinalkaloide, die für die Imkerei ein Problem darstellen und außerdem die Nutzung der Vegetation als Viehfutter einschränken. Verschiedene Blattlausarten finden ihre Wirtspflanzen auf Eh da-Flächen, beschränken sich aber nicht auf diese. Die Pflege von Gewässern kann dazu führen, dass sich Stechmücken entwickeln. Diese Zielkonflikte bestehen, lassen sich nicht einfach auflösen und sollten bei der Planung von Projekten im Vorfeld angesprochen werden.

Das Ziel der Eh da-Initiative ist, Lebensgemeinschaften für Insekten zu fördern. Es gibt aber eine grundsätzliche Frage, die immer wiederkehrt: Wozu ist das überhaupt gut? Für naturschutzverbundene Menschen mag selbstverständlich sein, dass der Erhalt der Insektenvielfalt ein hoher Wert ist. Bei Eh da-Projekten macht man aber schnell die Erfahrung, dass es zu dieser Frage ein breites Meinungsspektrum gibt. Allein der Sachverhalt, dass die Zahl der Insekten rückläufig ist, überzeugt durchaus nicht immer als Begründung dafür, dass sie gefördert werden müssen. Es mag ja sein, dass Wildbienen zur Blütenbestäubung beitragen, aber genügt nicht vielleicht doch die Honigbiene? Der Obstbauer im Ort hat kein Problem mit zu wenig Blütenbestäubern, und sind Schwebfliegen und andere Insekten auf Blüten wirklich nötig? Die Zaunrübensandbiene mag ein interessantes Insekt sein, aber wozu ist sie gut, sie bestäubt nur die Zaunrübe und keine Himbeeren? Bodenorganismen sind wichtig, aber das sind in erster Linie die Regenwürmer, sind die Insekten denn wirklich von Bedeutung? Viele Insekten sind außerdem schädlich, wollen wir die wirklich fördern? Derartige Fragen werden immer wieder gestellt, in Diskussionen und auch beim geselligen Beisammensein nach einem Vortrag, und sie stehen oft unausgesprochen im Raum. Sie sollten für ein erfolgreiches Projekt ernst genommen werden!

Eine fachlich fundierte Begründung, warum Insektenschutz wichtig ist, lässt sich mit Bezug auf ökologische Dienstleistungen und die Bedeutung in Nahrungsketten geben. Für Blütenbestäubung von vielen Wild- und Kulturpflanzen sind Insekten unverzichtbar. Zahlreiche Räuber und Parasiten tragen als Nützlinge dazu bei, dass Massenvermehrungen schädlicher Insekten unterbleiben. Auch als Teil der Bodenorganismen, mit ihrer herausragend wichtigen Bedeutung für Humusbildung, Kohlenstofffixierung und Stabilisierung des Porensystems, sind sie beteiligt.

Eine Informationstafel am Ortsrand. Sie ist neben einer Fläche aufgestellt, auf der Gestrüpp überwintern kann, was für viele Bürgerinnen und Bürger einer Erklärung bedarf. Auf der Tafel sind einige typische Insekten der Region abgebildet und es ist in einigen Worten knapp dargestellt, welche Lebensraumansprüche sie haben.

Es geht aber um mehr als den Aspekt der ökonomischen Nützlichkeit. Insekten sind unverzichtbare Elemente in ökologischen Nahrungsketten, denn sie dienen anderen Tieren als Nahrung. Die heimischen Fledermäuse fangen Insekten im Flug, genauso wie Schwalben oder Mauersegler, und es gibt eine Vielzahl von Insektenfressern unter der heimischen Vogelwelt. Blaumeise und Kohlmeise ernähren ihre Brut zu über 70 Prozent mit Schmetterlingsraupen, und auch ein typischer Körnerfresser wie der Haussperling frisst vor allem zur Brutzeit zu einem nennenswerten Anteil Insekten. Und die »Körner«, die Nahrung der Körnerfresser, sind zum größten Teil durch Insektenbestäubung entstanden. Insekten sorgen also indirekt auch für die Nahrung der körnerfressenden Vogelarten. Spitzmäuse, Eidechsen, Frösche und Kröten, alle ernähren sich von Insekten. Wenn man sich das vor Augen führt, ist es keine Frage: Sie spielen in Ökosystemen eine unverzichtbare Rolle als Nahrungsressource.

Es gibt zusätzlich Argumente jenseits dieser funktionalen Betrachtungsweise, und hier spielt die persönliche Sichtweise eine wesentliche Rolle. Die Schönheit vieler Insekten, beispielsweise der Schmetterlinge, ist ein Wert, der allgemein anerkannt ist. Die komplexen Lebensweisen von Insekten, auch wenn sie nicht »schön« sind, sprechen uns an – einem Ameisenlöwen beim Beutefang zuzusehen ist faszinierend.

Es bleibt aber als Thema übrig, dass die Mehrzahl der Insektenarten – kleine braune Käfer, graue Fliegen, unscheinbare Pflanzensauger – weder nützlich noch erkennbar unverzichtbar in Nahrungsketten noch besonders attraktiv sind, und obendrein nur wenige Experten wissen, dass es sie überhaupt gibt. Dies wird immer wieder in Diskussionen angesprochen. Bei Insekten stellt sich »Artenschutz« anders dar als beispielsweise bei Vögeln, bei denen der Schutz auch einer unscheinbaren Art schnell auf Zustimmung stößt. Es ist hilfreich, darauf hinzuweisen, dass bei Insekten der Erhalt ganzer Lebensgemeinschaften, in denen sie wegen ihrer Vielfalt und hohen Individuen- und Artenzahlen ein integraler Anteil sind, stärker im Vordergrund steht als beim mehr artbezogenen Schutz von Wirbeltieren. Die Lebensgemeinschaften der Insekten sind in ihrer Gesamtheit, und zwar einschließlich der unauffälligen Arten, ein Element der Kulturlandschaft. Ihr Erhalt sollte als Wert betrachtet werden, auch dann, wenn dies in der gesellschaftlichen Wahrnehmung – noch – nicht den Stellenwert von attraktiven und auffälligen Wirbeltieren hat.

Eine Lesesteinhaufen in einem Zwickel zwischen Feld und einer Straße. In diesem gefühlt winzigen Biotop leben hunderte von Arten mit tausenden von Individuen.

Eh da-Projekte: Pro und Kontra

Was motiviert eine Kommune, ein Eh da-Projekt durchzuführen? Nach bisherigen Erfahrungen sind mehrere Entscheidungskriterien zu nennen. Eines – und das ist in aller Regel das wichtigste – ist, dass eine Naturschutzmaßnahme durchgeführt wird, die keinen speziellen Flächenbedarf hat. Das Prinzip der Eh da-Initiative beruht darauf, vorhandene Flächen ökologisch aufzuwerten, nicht, neue Flächen für Naturschutz auszuweisen. Das macht angesichts der verbreiteten Flächenknappheit in Kommunen das Eh da-Konzept attraktiv. Ein zweites Kriterium ist, dass das Ergebnis für die Bürgerschaft vor Ort sichtbar ist. Ein Eh da-Projekt ist »Naturschutz vor der Haustüre«, nicht in einem vielleicht entfernten Naturschutzgebiet und Arten betreffend, die nur selten oder vielleicht gar nicht zu sehen sind. Zum Dritten ist zu nennen, dass das Thema »Insektenschutz« in der Gesellschaft an Priorität gewonnen hat. Es ist in den Medien präsent, derzeit mit Fokus auf Honigbiene, Wildbienen und Blütenförderung. Schließlich werden Eh da-Projekte gerne von der Presse aufgegriffen und bieten einer Kommune die Möglichkeit, eine von ihr getragene Initiative zu präsentieren.

Auf der anderen Seite stellt sich aber auch die Frage, warum viele Kommunen, nachdem der Vorschlag eines Eh da-Projekts diskutiert worden ist, sich dagegen entscheiden. Auch hier lassen sich nach den bisherigen Erfahrungen Ursachen benennen.

Es wurde bereits genannt, dass der Schutz der Insektenvielfalt keineswegs denselben hohen Stellenwert hat wie beispielweise der Schutz der Vielfalt der Vögel. Kritisch ist oft auch, dass das Eh da-Konzept nicht nur die Förderung von Blütenflächen zum Inhalt hat – was in aller Regel auf öffentliche Zustimmung stößt und vielerorts in den Kommunen auch bereits umgesetzt wird. Die Anregung, vermehrt insektenfreundliche Blüten auf kommunalen Flächen zu pflanzen, wird in der Regel gerne aufgenommen. Deutlich problematischer ist es, die »nicht attraktiven« Lebensräume zu fördern. Das betrifft überwinterndes Gestrüpp, Steinstrukturen, Rohbodenbiotope, Biotopholz, auch artenreiche nicht blühende, grüne Vegetation. Der Grundgedanke, dass diese Lebensräume etwa für Schmetterlingsraupen und -puppen unverzichtbar sind, ist zwar eingängig, aber der Weg zur Umsetzung wird oft zögerlich oder gar nicht beschritten. »Das können wir bei uns aber nicht machen« ist ein Satz, der regelmäßig zu hören ist. »Ordentliches Aussehen« im Sinn von kurz gemähtem Rasen oder bunten Blumenrabatten bestimmt oft die Entscheidung gegen ein Projekt. Dazu kommt, dass die rein praktische Umsetzung von Maßnahmen oft dadurch erschwert wird, dass der kommunale Maschinenpark wie auch das Konzept für die Flächenpflege, vor allem des Bauhofs, auf Mulchmahd ausgerichtet ist, und nicht darauf, eine insektenfreundlichere Flächenpflege durchzuführen.

Quo vadis, Eh da-Initiative?

Was hat die Eh da-Initiative bewirkt, und wohin kann sie sich entwickeln? Seit dem Startschuss der Initiative sind inzwischen mehr als zehn Jahre vergangen, und diese Frage stellt sich.

Als Erfolg ist festzustellen, dass der Begriff der »Eh da-Flächen« eine weite Verbreitung gefunden hat, er wird in den Medien verwendet, in der Fachliteratur und auch auf politischer Ebene (z. B. in den Biodiversitätsstrategien von Bundesländern). Damit verbunden ist, dass die Möglichkeiten dieser Flächen – und das ist mit 2–6 Prozent der Offenlandschaft Deutschlands ein gewaltiges Potenzial – zur Förderung der biologischen Vielfalt, speziell der der Insekten, vielerorts ins öffentliche Bewusstsein gebracht wurden. Ein Erfolg ist auch, dass sich eine nennenswerte Zahl von Kommunen aktiv beteiligt – eine kontinuierlich wachsende Zahl, oft auch ohne direkte Beteiligung des Eh da-Teams.

Auf der anderen Seite ist festzustellen, dass der Zustand von Eh da-Flächen in seiner Gesamtheit keineswegs zufriedenstellend ist. Die Potenziale zur Förderung biologischer Vielfalt, die in diesen Flächen liegen – und das schließt die derzeit aktiven Eh da-Kommunen ein – sind bisher nicht im Ansatz ausgeschöpft. Die Ursachen dafür sind vielschichtig. Wenn man aber davon ausgeht, dass der Schutz biologischer Vielfalt nicht Aufgabe einzelner gesellschaftlicher Gruppen ist – wie Landwirtschaft, Naturschutz oder, wie bei der Eh da-Initiative, der kommunalen Ebene, sondern als gesamtgesellschaftliche Aufgabe zu betrachten ist, gibt es noch erheblichen Handlungsbedarf.

Zusätzlich gilt, dass das Prinzip der ökologischen Optimierung, wie es hier dargestellt wurde, keineswegs auf Eh da-Flächen beschränkt ist. Es gilt auch für Gärten, Brachflächen, Ausgleichsflächen, ausgewiesene Naturschutzgebiete, Ackerrandstreifen, Industriebrachen und viele andere mehr. Das betrifft die Durchführung von Maßnahmen zur ökologischen Aufwertung von Flächen ebenso wie die Kommunikation darüber, was bestimmte Lebensräume für Insekten bedeuten. Unter diesem übergeordneten Blickwinkel wird offensichtlich, dass es noch viel zu tun gibt.

Es empfiehlt sich, bei Eh da-Projekten auf kommunaler Ebene biologische Expertise hinzuzuziehen. Das können Fachleute vor Ort sein, es gibt Naturschutzorganisationen und -behörden und unabhängige Institutionen.

Kontaktadressen

Eh da-Team
Gemeinnützige RLP AgroScience GmbH
Ansprechpartner: Mark.Deubert@agroscience.rlp.de (Tel. 06321 671430)

Autor des Buches
Prof. Christoph Künast, Salierstr. 2, 67166 Otterstadt
christoph.kuenast@e-sycon.de (Tel. 06232 41407)

Weiterführende Literatur

Veröffentlichungen

Aizen, M. A., L. A. Garibaldi, S. A. Cunningham, A. M. Klein 2008. Long-term global trends in crop yield and production reveal no current pollination shortage but increasing pollinator dependency. Current Biology 18(20): 1572–1575 Doi: 10.1016/j.cub.2008.08.066.

Allan, E. et. al. 2015. Land use intensification alters ecosystem multifunctionality via loss of biodiversity and changes to functional composition. Ecolocy Letters 18(8) 834–843. Doi: 10.1111/ele.12469.

Anonym. Schmetterlinge in Rheinland-Pfalz – BUND RLP. https://www.bund-rlp.de/themen/tiere-pflanzen/schmetterlinge.

Anonym 2020. Insektenschonende Mahd. https://www.natuerlichbayern.de/praxisempfehlungen_insektenschonende_mahd.pdf.

Anonym. Lebensraum Kläranlage. rp-gießen. hessen.de https://rp-giessen.hessen.de/umwelt/kommunales-abwasser/lebensraum-klaeranlage.

Ayasse, M., L. Woppowa 2019. Standardisierte Erfassung von Wildbienen zur Evaluierung des Bestäuberpotentials in der Agrarlandschaft (BienABest). 7. Nationales IPBES-Forum, Sessionbericht 3: 2. https://www.de-ipbes.de/de/Vortraege-und-Sessionberichte-des-7-NationalenIPBES-Forums-1916.html.

Ayayee, P., C. Rosa, J. G. Ferry, G. Felton, M. Saunders, K. Hoover, 2014. Gut microbes contribute to nitrogen provisioning in a wood-feeding cerambycid. Environmental Entomology 43(4): 903-912 Doi: 10.1603/EN14045.

Burger, H., S. Krausch, U. Neumüller, H. Seitz, L.Woppowa, H. Schwenninger, M. Ayasse 2019. The project BienABest: Standardized monitoring of wild bees for the evaluation of their potential as pollinators in the agricultural landscape. 49. Jahrestagung der Gesellschaft für Ökologie, 55.

Finke, F., M. Werner 2021. Artenreiche Grünlandflächen Handreichung zur Anlage und Pflege artenreicher Grünflächen an Straßen, Wegen und Plätzen. Ministerium für Energiewende, Umwelt, Natur und Digitalisierung des Landes Schleswig-Holstein https://www.naturschutzberatung-sh.de/fileadmin/user_upload/handlungsleitfaden_strassenbegleitgruen.pdf.

Folgarait, P. J. 1998. Ant biodiversity and its relationship to ecosystem functioning: a review. Biodiversity & Conservation 7: 1221–1244 Doi: 10.1023/A:1008891901953.

Gachmann, A., T. Tscharntke 2002. Foraging ranges of solitary bees. Journal of Animal Ecology 71(5): 757–764. Doi: 10.1046/j.1365-2656.2002.00641.x.

Goulson, D., N. P. Wright 1998. Flower constancy in the hoverflies *Episyrphus balteatus* (Degeer) and *Syrphus rebesii* (L.) (Syrphidae). Behavioral Ecology 9(3): 213-219 Doi: 10.1093/beheco/9.3.213.

Irmhäuser, A. 2019. Wegränder sind Lebenslinien. https://h.hessen.de/umwelt/biodiversitaet/wegraender-sind-lebenslinien-tipps-zur pflege/print/.

Körner, M. 2009. Zur Rolle der Hämolymph-Inhaltsstoffe bei der Feindabwehr von Zikaden (Cicadomorpha et Fulguromorpha) unter besonderer Berücksichtigung der Blutzikade Cercopis vulnerata ROSSI. https://epub.uni-bayreuth.de/756/.

Merckx, T., R. E. Feber, R. L. Dulieu, M. C. Townsend, M. S. Pasrons, N. A. D. Bourn, P. Riordan, D. W. Macdonald 2009. Effect of field margins depends on species mobility: field-based evidence for landscape-scale conservation. Agriculture, Ecosystems & Environment 129(1–3): 302–309. Doi: 10.1016/j.agee.2008.10.004.

Meyer, A., C. Dusej, J. C. Monney, H. Billing, M. Mermod, K. Jucker 2001. Praxismerkblatt Steinstrukturen. Steinhaufen und Steinwälle. Herausgegeben von karch Koordinationsstelle für Amphibien- und Reptilienschutz in der Schweiz www.karch.ch.

Nickerl, J., R. Helbig, H. J. Schulz, C. Werner, C. Neinhuis 2013. Diversity and potential correlations to the function of collembola cuticle structures. Zoomorphology 132: 183–195 Doi: 10.1007/s00435-012-0181-0.

Schmied, H., L. Getrost, O. Diestelhorst, G. Maaßen, L. Gerhard 2022. Between perfect habitat and ecological trap: even wildflower strips mulched annually increase pollinating insect numbers in intensively used agricultural landscapes. 2022. Journal of Insect Conservation 26: 25–434. Doi: 10.1007/s10841-022-00383-6.

Völkl, W., T. Blick 2004. Die quantitative Erfassung der rezenten Fauna in Deutschland. BFN-Skripten 117: 1-85.

Weiss, S. 2019. So überleben Insekten den kalten Winter. https://www.swr.de/wissen/rettet-die-insekten/article-swr-19750.html.

Westrich, P. 1991. Wildbienen als Bewohner von Totholz. 1991. NZ NRW Seminarberichte H 10: 32–35.

Yamashita, S. 2013. Ecological interaction between wood-decaying basidiomycetes and mycophagous insects: role of insects on fungal spore dispersal. Japanese Journal of Ecoloygy 63 (3): 327–340.

Bücher

Bellmann, H. 2020. Welches Insekt ist das? Kosmos Naturführer. ISBN 978-3-44016-447-1.

David, W. 2010. Lebensraum Totholz. Pala Verlag. ISBN 978-3-89566-270-6.

v. Frisch, K. 1997. Aus dem Leben der Bienen. Springer Verlag. ISBN 978-3-64264-923-3.

Jedicke, E. 1994. Biotopverbund. Ulmer. ISBN 3-8001-3314-5.

Künast, C. 2012. Boden – Fundament des Bodens. Humboldt-Forum for Food and Agriculture. ISBN 978-3-92721-776-8.

Küster, H. 1995. Geschichte der Landschaft Mitteleuropas. C.H.Beck. ISBN 978-3-40645-357-1.

Laufmann, P. 2020. Der Boden. Das Universum unter unseren Füßen. Bertelsmann. ISBN 978-3-57010-406-4.

Laußmann, H. 1998. Die mitteleuropäische Agrarlandschaft als Lebensraum für Heuschrecken (Orthoptera: Saltatoria). Verlag Agrarökologie. ISBN 978-3-90919-212-0.

Poschlod, P. 2017. Geschichte der Kulturlandschaft. Ulmer. ISBN 978-3-80010-926-5.

Röser, B. 1988. Saum- und Kleinbiotope. Ecomed. ISBN 978-3-60965-920-6.

Schmitt, M. 2022. Insektenwunderwelt – Einstieg in die Entomologie. Springer. ISBN 978-3-66264-077-7.

Tautz, J. Die Sprache der Bienen. Knesebeck. ISBN 978-3-95728-503-4.

Tiesler, F. K., K. Bienefeld. Büchler, R. 2016. Selektion bei der Honigbiene. Buschhausen Druck- und Verlagshaus. ISBN 978-3-94603-045-4.

Westrich, P. 2019. Die Wildbienen Deutschlands. Ulmer. ISBN 978-3-81860-880-4.

Zurbuchen, A., P. Müller. 2012. Wildbienenschutz – von der Wissenschaft zur Praxis. Bristol Stiftung. ISBN 978-3-2580-772-2.

Gesetzestexte

Flora-Fauna-Habitat-Richtlinie. Richtlinie 92/43/EWG des Rates vom 21. Mai 1992 zur Erhaltung der natürlichen Lebensräume sowie der wildlebenden Tiere und Pflanzen.

Gesetz zum Schutz der Insektenvielfalt in Deutschland und zur Änderung weiterer Vorschriften. Bundesgesetzblatt Jahrgang 2021 Teil I Nr. 59.